大編時代

文學、出版與編輯論

楊宗翰
編

目次

座談實錄

主編者序

寧為大編，勿任小編

楊宗翰
淡江大學中文系副教授

各大學為因應時代變化與學用合一之籲求，近年間陸續規畫部分課程轉型，「出版編輯」因此得以進入新開設的選修學分之列。淡江大學中國文學學系自多年前便設有「文藝編輯學」、「中文編輯與採訪」、「編輯與出版」等多樣化課程，晚近另於研究所開立「台灣文學與圖書出版專題」、「台灣文學與雜誌編輯專題」，大學部之畢業製作亦闢有「創作編採學群」，提供兼具理論認知及實務操作的學習機會。唯坊間仍有視出版編輯為師徒經驗傳授、不具研究價值的偏見，亟需以嚴肅態度及正式規範之學術討論，予以大力匡正。

二〇一九年十二月二十七日，淡江中文系舉辦「文學、編輯與出版學術研討會」，邀請到各大學講授編輯課程、從事實際編務、策畫出版選題的學者專家，齊聚淡水校區守謙國際會議中心論學。是日除了論文發表與討論對話，很榮幸邀得中央大學李瑞騰教授進行以「文藝編輯學導論」為題的演講，替這門學科決定座標，啟迪未來。大會還特別設立一場「編輯台上的名編身影」出版論壇，由趙衛民、楊澤、張堂錡三位教授（曾分別任職於《聯合報》、《中國時報》、《中央日報》副刊），談他們記憶中的三位「名編」──瘂弦、高信疆與梅新。想開這樣的會議，自是因台灣許久未見以「文學出版編輯」為主題的研討；會有這樣的設計，乃是期盼能激盪學術界對「當代編輯學」的重新思考。我深知光憑一場研討會，可能做不了太多。但倘若什麼都不做，台灣對出版編輯的理解就永遠停在那裡，怎麼深化？如何「成學」？過往中文世界的各家媒體與著名編輯之所作所為，絕對值得吾人參考、學習與研究。我以為這些「大編」的存在及事蹟，更能映照出今人酷好自稱為「小編」，是何其荒謬與諷刺！滿街小編走，氣短志不高，我很懷疑這種人能承擔什麼大任？「大編」之所以為大，是大在心態，大在視野，大在對編輯這份職業／志業的企圖與實踐。此類值得敬重跟研究的文學編輯為數甚多，遍布於報紙、雜誌、圖書乃至新媒體之中，這場研討會應該只不過是一個起點。

經審查後大會發表宣讀了七篇論文，感謝學者專家同意將會議文章收入這本書中。應邀擔任本次主持與評論工作的三位教授──周德良（淡江中文系主任、《淡江中文學報》主編）、高柏園（淡江中文系教授、前華梵大學校長、前《鵝湖月刊》主編）與陳俊榮（台北教育大學語創系教授、前揚智出版社總編輯），對提升會議品質深具貢獻。還要感謝文學院林呈蓉院長出席開幕式致詞，以及對大會工作的持續關心。中文系系助理李尹、中文所學會張慶偉會長帶領碩士班同學的執行效率，一直都是我們這個「全台最愛開會中文系」的有力支撐。願這本書內所錄，能夠作為學術界延伸討論的基礎，並對未來志在成為編輯者有所啟發。

專題演講

文藝編輯學導論

李瑞騰
中央大學中文系教授

「編輯」其實是「輯」而後「編」，是訊息與知識傳播的最關鍵環節。從文藝角度來看，所有一切創作文本必須經由編輯成媒介而後得以傳播；媒介多元，各自有其所能發揮的功能，編者的學養、心胸、識見等，在其中都會產生作用，而最終能否生成典律，長久產生影響，除了機緣，也必與編者有關。

一、編輯：輯而後編

我是一個長期在媒體工作的人。從大學時代開始，從編系刊，幫老師編字典到雜誌社工作；當研究生的時候還進了出版社。後來也主編雜誌跟報紙副刊，並有機會接觸廣播跟電視，等於是一個長期在媒體工作的人，能夠把自己的學術經驗跟媒體實務相結合，是很愉快的事。當年在淡江教書，開和「編輯」有關的「應用中文」課程，後來轉赴中央大學任教，初期也開，等到有其他人可以教編輯，我就不再開這門課了。不過，我在研究所教學過程中，有幾門課不斷輪流開，其中一門課是「文學社會學」。

我教「文學社會學」，比較傾向於外部研究，就是從作者到讀者與通路，大概兩、三年才會開一次，最近幾年又發展出好幾個新課程，其中有一門「出版產業文化發展」，基本上是把出版當作文化發展重要的檢驗指標來處理。另外，我這幾年比較有興趣、也比較得意的一門課是「台灣文學編輯專題研究」。這門課已經開過了兩三次，也累積了一點資料。我今天跟各位談「文藝編輯學」，是以過去曾開過的「中文圖書出版學」之「出版編輯」部分為基礎，也結合了這幾年授課和個人長期在媒體工作的經驗。

我每到任何一個職位，出版和編輯都是工作的重心，譬如到台南的國立台灣文學館擔任館長，四年之間單單為館方出版品所寫的序，就有一百多篇。由我自己實際策劃執行的，有《台灣文學史長編》（33冊）、《台灣古典作家精選集》（38冊）、《臺灣現當代作家研究資料彙編》（50冊）與多冊的《全台詩》等。更早之前擔任中大圖書館館長時，還辦了《國立中央大學圖書館集刊》，鼓勵工作同仁寫文章，全台灣的大學圖書館可能沒有一家這這麼做。更早一點，我在中文系系主任任內，凡是舉辦研討會，就一定會有論文集，也出版同仁的論著集刊。我現在任文學院院長，每一年出版一本《國立中央大學文學院圖誌》，看看這一年到底做了甚麼。所以編輯這個工作，對我來說，等於進入到我的生活中了，所有的學習及研究，包括我自己的寫作，全部都有編輯思考。

「編輯」其實是「輯而後編」，兩個字都是動詞。從文藝角度來說，所有一切創作文本必須經由編輯，製作成為媒介，然後才可能傳播。過去我們從不研究這個過程，好像認為它是理所當然的。但一本書整個生成的過程，其實是非常繁瑣。從實務面來說，有一些可以發展成不同的分支學科，譬如平面的印刷傳播媒體、電子或聲光的傳播媒體、網際網路等等，多元而複雜。所謂「編者」不一定是一個人，可能是一個團隊；現在稱作「編輯」，有總編輯、主編，還有各種不同的編輯。我們以電影來比喻的話，編輯就是導演，提供了一個場域、一個平台，讓作家的文本在其中活動。你請什麼人到這個地方來，讓他用什麼樣的方式、什麼樣的語言在這裡活動，這些都跟導演有關。所以，這個導演、編者，他的學養、心胸，他對社會脈動的體會，對知識的深廣度的掌握等等，都影響他的編輯行為。最後，當這些文本脫離了媒體之後，作家可能單獨收集在自己作品集裡，也可能另外有人把他的作品編到裡頭去。這些通通跟編者有關。

當「編」和「輯」兩個字組合在一起，成為「輯而後編」。「輯」這個字，本來就是車輿。在《列子》裡面出現「輯」的時候，講的是一個駕馭馬車的人，雖然有好幾匹馬一併走，由於他善於駕馭，所以馬奔跑起來非常整齊。最後，「輯」字可連結到集合的「集」、集會的「集」。從編輯的角度來看，稿源就是來自四面八方。倘若你有能力集中優質的稿件，就是一個稱職的編輯。那麼，你要如何得到這些稿件？需要經營。各位不要小看編輯在這方面的努力，過去朱橋在主編《幼獅文藝》時，是如何經營作者？皇冠如何去經營作者？《聯合報》跟《中國時報》副刊，他們如何經營作者？別家拿不到的稿件，你卻拿得到，這涉及到人際關係，還有編輯給作者的信任感。而你該「集」到什麼樣的一個地步，才可以成書？資料這麼龐大，你一直找、一直找，永遠找不完。所以你必須在某個點上，讓它可以結集出版。這就是「輯」。

那「編」呢？就是編個次序。本是指古代竹簡，必會用一條絲線去串好。《論語》裡面講孔子讀易「韋編三絕」，就是那條線斷了三次。用我們今天的話來說，那就是裝訂，把竹片子編成冊。編在過去是以絲線次第竹簡排列，現在則變成書籍的目次排列，但是該怎麼排列？次序怎麼產生？譬如：有沒有分類？分類會影響閱讀。分了類以後，同類裡面你要怎麼辦？可能是依時而再分，或者用人來排序。我們編學術刊物，最後一次開編輯委員會，委員就是在討論一件事：這幾篇論文通過了審查，要怎麼去排列？更進一步來說，你要不要做加工的動作？所謂加工，就是這篇文章誰寫的？要不要介紹一下？編者有沒有意見？要不要寫一篇編後記？或者是，每一篇文章後面，都有個「編案」在那裡。以前的大學問家、大學者，像是我的老師潘重規校勘敦煌資料，最後每一篇都有「規案」，就是潘重規拍版定案的意思。這就是加工、這就是知識，變成了篇章的一個部分。這是編輯工作的一環。還有，你要不要去美化？就是指版型、書封等怎麼弄？圖片和文字怎麼搭配？標題字怎麼定？引言怎麼寫？等等，都會影響閱讀的視覺感受。

二、編輯是一種知識行為

許慎〈說文解字序〉說「著於竹帛謂之書」，凡是書皆經過編輯的過程。孔子就是一個編輯。劉向、劉歆父子是專職編輯，做的正是文藝編輯工作。《文選》、《玉臺新詠》等一切詩文選集，都經過編輯的過程。作家也可以編自己的詩集，像白居易那樣。古代大套的叢書如《古今圖書集成》、《太平預覽》、《太平廣記》、《四庫全書》，通通都是編輯出來的。《史記‧孔子世家》裡說：「古者詩三千餘篇，及至孔子，去其重，取可施於禮義……」，去跟取，一個是我不要的，一個是我要的。我不要的，丟掉。要的，就是取，也就是選。但是我要取來做甚麼？「可施於禮義」──這個就是他編輯的目的，也是標準。標準非常的重要，所有一切的編輯都必須提出自己的標準，不管它是一個什麼樣的標準。進一步看：「上采契后稷，中述殷周之盛，至幽厲之缺」，這不是時代嗎？上限和下限。你編，就要說明從什麼時候選到什麼時候。譬如今天如果編一個詩選，要告訴讀者選的範圍在哪？「禮樂自此可得而述，以備王道，成六藝。」是指人文典章制度跟人間一切規範，都是通過編輯才完成的。編輯的概念是不是該擴大？

《漢書‧藝文志》有云：「《論語》者，孔子應答弟子、時人及弟子相與言，而接聞於夫子之語也。當時弟子各有所記，夫子既卒，門人相與輯而論纂，故謂之《論語》。」《論語》是孔子和弟子還有再傳弟子間討論的紀錄，經過編輯而成。，當時弟子對於所記，「門人相與輯而論纂」；而「接聞於夫子之語」就是核心，談論語不能超越這裡。再看看劉向是怎麼做文藝編輯的，《漢書‧藝文志》又說：「至成帝時，以書頗散亡，使謁者陳農求遺書於天下。詔光祿大夫劉向校經傳諸子詩賦，步兵校尉任宏校兵書，太史令尹咸校數術，侍醫李柱國校方技。每一書已，向輒條其篇目，撮其指意，錄而奏之。」很多書經過了秦焚書坑儒，到成帝時很多已經散佚，所以「使謁者陳農求遺書於天下」。求遺書於天下，這個工程太浩大了，但為了重建文化，就得把過去不見的東西找出來。這裡我們可以看到，等於在說政府成立了一個很大的編輯部。裡面分成第一編輯部、第二編輯部、第三編輯部。第一編輯部的總編輯是劉向，負責經傳、諸子跟詩賦；第二編輯部負責的是什麼？兵書，總編輯叫任宏。尹咸、李柱國，一個校數術，一個校方技。這個只是「校」。「校」就是因為文字到最後要乾乾淨淨，這其實正是編輯的工作。編輯就是守門人，要守什麼門？守文字之門、守思想之門。你要守那個門，所以你要做「校」的工作。「每一書已」指書完成了，「向輒條其篇目」是指要去編排目錄。編目就是要有順序，這是編輯該做的工作。「撮其指意，錄而奏之」顯然他不只是編目，還要寫提要。今天所有做編輯的人到出版社去工作，就必須要會寫提要。各位去看看《四庫全書總目提要》，紀曉嵐他們這批人編寫的，基本上都是大學者寫出來的。現在每一本書都有提要，因為你要上市，要讓別人一看就知道這本書裡面是甚麼，每個編輯都要學習寫這個。

像《文選》、《玉台新詠》，以及一切詩文選集都是編輯而成的。《文選》一開始便說，那麼多東西如果沒有盡「集其精英」，很難讀完大部分。所以就必須要精選。但是如「姬公之籍，孔父之書」，周公、孔子他們的東西，還有老莊、管孟，他們這些書太了不起了，難道可以加以刪削或剪裁？所以編纂這部《文選》時，蕭統也略去不收它們。史書內的文章也不選，只選其中贊論、序述，詞藻優美的文章。選文的時代由周朝到梁朝，共三十卷。文章排列，採先分類，同類之中，再按時代先後排列。從其中去選，標準是「事出於深思，義歸乎翰藻」，這就是《文選》。而《文選》到了今天已經是一門大學問，叫做「文選學」。

再譬如康熙皇帝主導下的《全唐詩》，在序裡面就說本來固有的都不詳備，現在要讓它完整。如何讓它完整？國家庫房裡所有的資料，都拿出來；前人已經做的東西在那裡，就去借重，當作基礎來參考。最後「得詩四萬八千九百餘首，凡二千二百餘人」，編成了九百卷的《全唐詩》。我在台灣文學館任職之前啟動，到現在還在努力編的，就有《全台詩》、《全台賦》，還有《全台詞》。台灣文學館之所以沒有編《全台文》，是因為別人已經編了。像《全唐詩》、《全宋詞》、《全元散曲》等等這些大套的總集，就是最基礎的人文建設，非常重要。這必須由國家來做，民間沒辦法做。各位知道：宋詩那樣龐大，比唐詩多太多了。全宋詩做了很久，黃永武教授編了多少年，最後還是沒有出版，只能宣布放棄。所以有些東西必須用國家的力量來做，否則實在做不來。

各種不同分類的選集數量龐大，還有太多可以討論。我們今天讀唐代的詩歌，其實大部分的人都是一本《唐詩三百首》。其中古體歌行只讀〈琵琶行〉，其他都不讀。韓愈的那些奇特的詩篇，你會去讀嗎？所以都是讀五七言律體、絕句而已。《唐詩三百首》之外，最多再讀個《千家詩》，讀來讀去，就是這樣子而已。實際上的量還要大很多，從學術研究的角度、學者需求的立場上看，還是不太一樣的。

三、編輯是大衆傳播體系中一種工作

編輯是大眾傳播體系中的一種職業，一種工作。廣播電視的新聞報導，它必須經過編輯。報社、雜誌社、出版社都有編輯部，它是一個生產部門，另外一個是行銷部門，就是做業務的。平面媒體必須有文字編輯，有些地方還有資料編輯、美術編輯，其實都是做編輯的工作，都在生產線上的環節中。

新興的媒體也需要編輯。目前網路上的新興媒體非常多，風傳媒、鏡傳媒、上報、勁報等，看這些的人比看傳統報紙多太多了。那些都要有人編輯啊，否則它要怎麼出來？部落格、電子報、臉書，也都需要編輯。到最後，它可以變成生活性的東西，也就是說生活裡面很多都需要編輯，你去旅行回來拍一萬張照片，沒有整理的話它就是一堆廢物啊！整理這個幹甚麼？就是在做編輯，我整理完以後刪掉一些，這個也刪、那個也刪。譬如我們拍了很多，不小心連按幾張，這種經驗大家都有，就要刪。孔老夫子不是刪掉很多嗎？三千多首詩刪到剩下三百首。刪、刪、刪，然後再選。古代有很多套書、叢書、類書等等；現在也有很多全集、選集，每一個都要經過編輯。《柏楊全集》是我編的，全集該怎麼編？我編過年度詩選，該怎麼編？要編年度詩選，得把台灣一年內發表的詩作一首首找出來，攤開在面前，數量非常龐大，能選的有限。

編輯同時也是一種面向社會的實踐過程。編輯一定關係到媒體，沒有媒體，那麼編輯是空的。你一定要有一個媒介，面向讀者、受眾。從傳播學的角度來說，要跟他對話。那你拿什麼跟他對話？他不感興趣，或感興趣是什麼？當你要做一個專題的時候，如果這個題目不是當下人們感興趣的，幹嘛要做？編輯就是要動員可以寫作的人，有效集中火力去面對這個議題，然後轉化成一種最好的型態。要讓讀者接收到你的訊息，了解你想要表達的東西，進一步還可以跟你對話。這是一種社會的實踐過程。

同時，編輯也可以是一種生活的情趣，自我的完成。我當年在淡江開設「應用中文」的課，讓學生把副刊上的作品一篇一篇都剪下來重組。要知道，編輯很重要的工作之一，就是要組稿。如果這個版面可以容納一萬字，主文要多長？邊欄要放什麼？底下有沒有連載？要不要有一首詩？要不要有一幅插畫？整個來說，編輯做的就是組稿。現在我們看到很多編輯，非常草率，草率到甚麼地步？一篇文章連一個小標題都沒有，你要教讀者怎麼讀？像我們這種老眼昏花的怎麼辦？你至少下幾個小標題，到這裡讓我們喘口氣嘛。他們連這個都不下，真是很奇怪的事。如果那塊版面是一篇文章，我會把它拆開變成三篇，就是變成三塊，其實也是一篇。

編輯要做的就是，讓你的讀者讀起來很愉快、很方便，這很簡單，但非常重要。編輯什麼？如何編？涉及到傳播的環境，還有需求。編輯，其實是集中相關的詩文，用最好的方式去處理，來對應這個現實環境。

編輯也是一個社群知識力量的動員。譬如我要出一套《台灣文學史長編》三十三本書，來呈現台灣文學史。人家的文學史通常一本，最多兩本。我現在這個三十三本，是經過前期規畫出來的。第一本，原住民的口傳文學；最後一本，台灣的母語文學。我有整套的思維，三十三本書要找多少人來寫？最起碼三十三個人。我設定的作者，一定是要中生代的台灣文學的專業研究者。如果這個人沒有這一方面的專業，我絕對不可能去找上他。所以我要去搜尋，到國圖的碩博士論文系統，期刊論文也要去搜尋，看看有沒有人曾經出版過相關的論著，或寫過相關論文？這是一個知識社群力量的總動員，譬如你今天要做一個「五四」的專題，你要找什麼人來寫？寫什麼？因為你是編者，你就要負全部的責任。版面整個呈現出來，這些人就是你的演員，你就是導演。你設了一個舞台，讓他們到這個地方來表演，所以它是一個動員的過程，共同面對一個有待集思廣益的議題。這就是為什麼公共事務都會涉及編輯工作，因為是一個動員的過程。

把編輯的理念移到生活上，可以建立起各種自我相關的秩序。如果你做平面編輯，就是在空間上做處理；如果你做的是影音的編輯，時間就是你最重要的因素，你就是在計算時間。你讓學生去看一個小時的電視節目，從幾點幾分開始，誰講甚麼話？誰出來？有怎樣的背景？當把整個節目變成劇本，你看那個學生會學到甚麼東西？主持人講話的時候，音樂是甚麼？怎麼去搭配，這些其實都是集結的工程，它不是一個很簡單的事。從編輯的角度來說，就是一個很好的學習過程。編輯會讓生活兼具感性與理性，有時候更是一種自我的完成。

四、媒介與編輯

媒介跟編輯的關係，需要進一步討論。媒介組織有個基本的結構，我們把媒介擺在正中間，他的右邊是組織，因為任何一個媒體，譬如報紙、雜誌、電視、廣播，都一定有人在經營管理，否則根本沒辦法做。所以它背後一定有一個組織。我們常常講，編輯、記者都是組織化的個人。你說我「愛怎麼編，就怎麼編」，天底下有這種事嗎？除非你自己是老闆。你替誰做事也有關係，這是個前提。《中央日報》的副刊主編，是《中央日報》的社長聘任的。《中央日報》的社長會找什麼樣的人去編輯副刊？當年《自立晚報》是一個什麼樣的報社？什麼人會來編它的副刊？這有本質上的關係存在。它背後的這個組織，會影響到媒體。我要告訴大家的是，所有的這些媒體，背後一定有單位、有組織提供資金，提供所有的一切，所以影響很大。另外，這個媒介一定是編輯在操作。這個編輯是人，他接受任命，要把它編好。以《聯合報》和《中國時報》副刊為例，他們沒有負擔、沒有壓力嗎？他們在編輯臺上編出了一個版面，要下版的時候，相關的人不會看一眼嗎？不太可能。隔天報紙出來以後，你去看各報社總編輯的門口，一大面牆，各版都貼在那個地方。然後有人用大紅筆畫：這個地方錯了一個字，那個地方標題沒下好。整面牆都在檢討你啊，不是沒有人管你啊。你，就是組織化的個人。組織對你而言，有絕對的影響性。但是你既然受命，就要把它編好，中間怎麼樣去妥協、怎麼樣去調整，這是內部的事情。我們每一個人都必須在過程當中不斷去妥協，然後我們還要學著去教育長官們。另外，編輯要去面對作者，也要面對讀者。我提供這個媒介活動的基本結構，就是要把編輯擺到這個結構裡來。不同的媒介有不同的編輯結構。

編輯和作家、整個文藝社會之間都有關聯。這個地方用的是「文藝社會」，因為有人寫，因為有媒體發表，因為有人出版，因為有人閱讀，就構成了一個無形的社會。這個無形的社會裡面，最主要就是由作者跟讀者所構成，但是中間的路途非常多元，因素非常多。第一個，編輯如果能夠慧眼識英雄，他就是作家的伯樂。一個作家會不會繼續寫下去？會不會發展成了不起的作家？跟編輯太有關係了。簡單舉一個例子，黃春明從讀師範學校時代開始寫作。他自己常常講，如果沒有林海音，他不一定會繼續寫下去。林海音勇敢到什麼地步呢？黃春明說，妳不可以改動我任何一個字，林海音就不改。這真的了不起啊，是了不起的編輯。所以慧眼識英雄，非常的重要。如果你是一個副刊的編輯，你一定有內稿、有外稿，不會全部都用內稿。你要有慧眼，可以看出好文章，自己本身就要有鑑賞能力。

第二個，編輯以其洞察力、企劃力經由媒介帶動文藝風潮。譬如台灣的報導文學，如果沒有經過高信疆、瘂弦以及梅新，不斷的去推動，報導文學怎麼會在七〇年代中期到八〇年代中期，十年間變成台灣最耀眼的文類。那就是編輯，你看高信疆組織了多少年輕的作家，上山下海去做，把那些陽光照耀不到的地方挖出來。編輯也可以帶動文藝風潮，譬如台灣的極短篇小說（大陸和海外稱為微型小說，台灣叫做極短篇，早期叫做掌上小說或是小小說），要不是瘂弦通過媒體不斷推動，怎會帶動這個文類的發展？

第三個，編輯、作家相互依存。在文藝社會裡面，有著權力結構，到底都是誰在影響？像是社團的負責人、媒體的總編輯等等，就可能是這個文藝社會的頂峰人物，他決定了很多事，像是稿子能不能刊之類，就是由他決定的。

五、編輯可不可能成家？

我們應該在編輯學裡面，發展出一套編輯美學。編輯美學，就包含在編輯流程裡面。如何通過裡面的內容，還有外在的形式，整體構成屬於這種媒體的一種美感，就叫做編輯美學。至於編輯流程，是從作者到讀者的通路。作品經過了編輯、經過了設計（其實編輯和設計也可以合在一塊，就是編輯），亦即前面有一個文字編輯，後面有一個美術編輯。當然也可以變成兩個部分，一個前製作、一個後製作。對這個部分，可能每一個人的解釋都不太一樣。以前我們都只是談：作者受了甚麼影響？他寫了甚麼東西？對他有甚麼意義？對社會有甚麼意義等等。但對編輯的過程，以前都不太管，甚至對影響很大的印刷也不去管，到最後整個行銷的過程，我們也不太管。整個過程裡面，我們大概只管書的製作出版，這樣不太對。每一個環節都很重要，像如何經過行銷，讓書到讀者手中？又例如倉庫管理，也少有人提。稿源在哪裡？內部如何審稿？前製作、後製作等等，其實都是所謂的編輯實務。

到了這裡，我想提出：「編書可以成學，編輯可不可以成家？」台灣欠缺對編輯的尊重，也沒有一個像「編輯人協會」的組織。早期台灣有報紙副刊編者聯誼會，但沒有編輯人協會。編輯的身分也可以探討，譬如說爾雅出版社，可以把隱地當編輯看，因為很多書都是由他來決定的，他當然就是總編輯。但他也是一個經營管理者。另外編輯還有大、有小，大編輯坐在那裡，一聲令下小編輯就做到累得半死，導致流動率也高。接下來我想舉幾個台灣的文藝編輯家為例，給各位參考：譬如龍瑛宗在戰後被邀請到台南的《中華日報》，去編日文版的文藝欄。時間不到一年，但各位要知道那一年，龍瑛宗做的事情有多麼重要，若不是有這個版面，葉石濤就不會在這個時間寫作，龍瑛宗還通過《中華日報》這個日文版的文藝欄，重建了南方文化界。我們只能講，這太重要了，所以當我要離開台灣文學館的時候，就把工作同仁帶到《中華日報》，跟社長直接談。我們要把這些全部翻譯成中文，這個事情可能已經做完了，可是我還沒看到書。

紀弦先生如何編《現代詩》？他一個人編，後來才有他的一些學生參與。但是早期全部都由他一個人編，所以封面上有一棵大大的檳榔樹，那就是他自己（他自己的外型又高又大，像是一棵檳榔樹）。連他的詩集也叫做檳榔樹甲集、乙集、丙集，一直到了戊集。紀弦當年在編《現代詩》的時候，地址就在成功中學宿舍，正是《自立晚報》的對面。那個地方現在像廢墟一樣。

余光中如何編文學大系？1935年由趙家璧主編的《中國新文學大系》，由上海良友圖書公司出版，是最早的大型現代文學選集，全書共分為10卷。「大系」的觀念來自日本，但中國古代也有大系的東西，《永樂大典》不就是大系嗎？《古今圖書集成》不就是大系嗎？至於台灣，余光中先生編了三套大系，這三套大系，第一套在1972年，第二套在1989年，第三套在2003年。這三套大系原則上可以貫穿整個台灣文學史。應該可以做研究，不一定把焦點放在余光中，因為是「編輯群」。

楊牧跟「新潮叢書」，那個背後有多麼複雜，有許多重要的訊息包含在裡頭。至於瘂弦的編輯，我指導過一個博士生盧柏儒寫了一本論文《瘂弦編輯行為研究》，我用行為放在研究上面。你如果要這樣寫：高信疆的編輯行為、林海音的編輯行為，有多少的編輯行為可以做研究？覃子豪和《藍星》是什麼關係，他的編輯行為是怎樣？我這個地方，特別列了張默。張默編了多少東西？我們不應該視而未見。初安民之前在《聯合文學》編得怎麼樣？後來到了《印刻》又編得怎麼樣？我覺得，如果從《聯合文學》到《印刻》去研究，初安民的編輯行為可以寫一本博士論文，沒有問題。

杜十三如何編輯他自己？很多人可能不知道，杜十三每一本詩集都自己設計，跟夏宇一樣。夏宇每一本詩集，從《備忘錄》開始每一本都自己設計。杜十三有一次在《地球筆記》裡面，從中間挖了一個洞，嵌進了一個卡帶，裡面都是他的作品的朗誦或是歌唱。那本書比較厚，就真的挖了一個洞，然後把卡帶放進去，這都是他自己創造的。他的每一本書，形式都不一樣，而設計者都是他自己。如果要做研究，它就不只是一個文學的研究，還是一個繪畫或是藝術的研究。

向陽和他的網站，有沒有人可以去做點研究？向陽有幾個個人網站，編得很精彩，值得好好了解。他以前編《自立晚報》副刊，多麼重要啊！他也編《陽光小集》，甚至中學時代在校內編《笛韻》詩刊，一路看下去，能看出什麼？

我本來是希望在這個演講的後面，能夠重點談兩個部分：一個叫做「編輯社會學」，我們剛剛有談到過，說編輯、作家和社會之間的互動關係。我認為「編輯社會學」可以建立起來，變成編輯學很重要的一個部分。

第二個是「編輯心理學」，做編輯的人都在想甚麼？有時候你們要知道，去、取之間，就是一個選擇的問題。但是常面臨七上八下、天人交戰，有時稿子沒有及時處理，拖太久拖到不好意思，只好拿來用了，但那可能不是我的首選。沒有立即用，就是覺得中間還可商議，才會在那裡猶豫徬徨。編輯的心理是如何，我覺得都很值得去談，都可以透過訪談或其他方式探討「編輯心理學」。

我今天大致上就是把自己長期在思考有關編輯的議題簡單組合一下，提供給各位參考。我過去有比較多的經驗，所以今天這些就是經驗之談。所有的知識，最重要的就是將「經驗系統化」，而我們現在在做的，就是系統化工作。

記錄整理：張慶偉

附錄　文藝編輯學導論（大綱）

李瑞騰

一、編輯是什麼？

（一）編輯：輯而後編

1. 輯，車輿，泛指車子；此指集合之意。
   原在四面八方（稿源），如何得之？輯到什麼地步最合適？
2. 編，次簡，以絲次第竹簡而排列之；後為書籍內容之順次排列。
   如何排序？依類、依時或依人？要不要加工？如何美化？

（二）編輯是一種知識行為

1. 著於竹帛謂之書，凡是書皆經過編輯的過程
2. 孔子是一位編輯家
3. 劉向、劉歆父子是專職編輯
4. 《文選》、《玉台新詠》及一切詩文選集都是編成的
5. 白居易之自編詩集

6. 古代叢書、類書之編輯

（三）編輯是大眾傳播體系中一種職業，一種工作

1. 廣播、電視的新聞報導必須經過編輯
2. 報社、雜誌社、出版社都設有編輯部
3. 平面媒體的編輯：文字編輯、資料編輯、美術編輯
4. 新興媒體的編輯：網站、部落格、電子書
5. 現代的套書、全集、選集之編輯

（四）編輯既是一個面向社會的實踐過程，也可以是一種生活情趣或自我完成

1. 編輯什麼和如何編，涉及傳播對象所處環境及其需求，選題具一定程度的社會性，編輯其實是通過匯整及其相關處理方式以對應現實。
2. 編輯也是社群知識力量的動員，共同面對一個有待集思廣益的社會議題。
3. 把編輯理念移到生活層面，可建立各種與自我相關的秩序，使生活兼具感性與理性，有時更是一種自我的完成。

二、媒介與編輯

（一）媒介活動的基本結構

1. 傳播模式
2. 媒介活動

3. 編輯與行銷

（二）不同媒介的編輯行為

1. 報紙文藝副刊
2. 文藝雜誌
3. 文藝圖書
4. 文藝網媒

（三）編輯、作家與文藝社會

1. 編輯如慧眼識英雄，可為作家之伯樂
2. 編輯以其洞察力、企劃力，經由媒介帶動文藝風潮
3. 編輯與作家相互依存，為整個文藝社會之要角

三、編輯流程——以出版為例

（一）稿源在哪裡？

1. 主動企劃

（1）一本書

（2）一套書

（3）一個系列（書系、叢書、文庫）

（4）特定對象邀稿、開放徵稿

2. 作家投稿

（二）審稿

1. 內審、外審

2. 編輯委員會、編輯會議
3. 審查意見表
4. 送回給作者修改

（三）前製作

1. 書名：封面、書名頁
2. 內文通讀、校對
3. 分章分節分輯、標題、引言文案
4. 序、推薦序、列名推薦、推薦語
5. 附錄等

（四）後製作

1. 封面（含摺頁）、封底（含摺頁）、書背（脊）、書腰（封）
2. 蝴蝶頁、書名頁、彩色頁、輯名頁、內頁、書眉、頁碼等
3. 落版、製版、看樣、送印

四、台灣文藝編輯家個案研究（舉例）

1. 編事可以成學，編輯人可以成家
2. 龍瑛宗與戰後《中華日報》日文版「文藝欄」
3. 紀弦與《現代詩》
4. 余光中如何編「文學大系」
5. 楊牧與「新潮叢書」
6. 一代名編王慶麟（瘂弦）

7. 張默的小詩編輯

8. 初安民：從《聯合文學》到《印刻文學生活誌》

9. 杜十三如何編輯自己

10.　向陽和他的個人網站

研究論文

《中央日報》副刊主編風格析論：以孫如陵、梅新為討論中心（1961-2006）

林黛嫚

淡江大學中文系副教授

一、前言：

卜大中說：「他不但在形式上革命，也對內容做了很大的調整，擺脫了那時各報都學習中央副刊的老路子」。[1]這個「他」說的是紙上風雲第一人的高信疆，這段話是在讚美高信疆主編《人間副刊》「以大開大闔的整版圖案帶動文章的氣勢，一時之間成為文壇盛事，各名家爭相投稿，活化了原來一泓死水的台灣文壇」[2]，但這段話也可以呈現當時文壇以《中央副刊》為龍頭的狀況，各報都向中央副刊學習，而這被學習路子的建立者正是孫如陵先生。

洛夫說：「老友中幹編輯的，以瘂弦點子最多也最妙，後來梅新直追瘂弦。談到台北報紙副刊春秋，大家都知道，

---

1 卜大中：《昨日報——我的孤狗人生》（台北：允晨，2019），頁99。

2 同上註。

前期是瘂弦與高信疆火拼的時代，後期則是瘂弦與梅新爭鋒的時代」。[3]梅新主編《中副》第一年（1987年）就拿到新聞局的副刊編輯金鼎獎，之後又拿了三座，這個紀錄前無古人，在此獎民國90年金鼎獎第25屆起取消新聞相關獎勵項目之後，也成為後無來者。

《中央日報》2006年走入歷史，計在台發行57年，實體報總計發行28356號。[4]在這期間主編《中央日報副刊》計有耿修業、薛心鎔、孫如陵、陸鐵山、王理璜、胡有瑞、梅新、林黛嫚等八位。[5]

報紙新聞部分有事實基礎，各報處理同一件新聞的方式與角度或有不同，但呈現出來的報導不會有太大差異，但副刊是一個無中生有的版面，副刊主編具備掌握版面內容的權力，自然也必須為版面的風格負責，文化評論家詹宏志因而說：「副刊編輯無法經由任何訓練獲得，他必須是一個對各種知識份子的終極關懷都有認識的人，他也必須是一個對思潮的推移、對人心的風向具有洞見（insights）的人。」[6]

副刊主編的訓練不容易，副刊風格的建立更非一朝一夕之功，必須有相當時間的累積，加上《中央日報》隸屬國民

---

[3] 洛夫：〈我不風景誰風景〉，《他站成一株永恒的梅——梅新紀念文集》（台北：大地，1997），頁77-83。

[4] 《中央日報》實體報結束後，雖有部分員工自尋資金成立網路報，但此網路報和中央日報社是否有承繼關係仍有待論證。

[5] 根據封德屏〈花圃的園丁？還是媒體的英雄〉一文統計，《世界中文報紙副刊學綜論》（台北：聯經，1997），頁367-368。不過內容略有出入，如孫如陵第一次擔任《中副》主編，此處寫民國四十七年，但孫如陵《副刊論》頁11寫他於民國五十年接任《中副》主編。林黛嫚於1997年接過梅新棒子，接編《中副》。

[6] 詹宏志：〈觀念的歷險：從文藝副刊到文化副刊〉，《報學》六卷四期（1980年6月），頁11。

黨的黨報特性，歷任《中副》主編其中主政時間超過十年的孫如陵和梅新在副刊學上已經有相當定位，本論聚焦於此二人主編《中副》時期，加上梅新交棒後由筆者擔任主編的後梅新時期，剖析這幾位主編時期的副刊，或有助於理解有別於其他民間副刊的《中央副刊》風格，以及《中央副刊》對台灣文學發展的影響。

二、台灣報紙副刊概述

台灣之有副刊[7]，要從日治時期說起，1896年6月日本人經營的《台灣新報》創刊，後於1898年易名為《台灣日日新報》，設有「漢文欄」（主編為章炳麟）。這是台灣報業有副刊的開始，而且和《消閒報》時期的「附刊」內容相似，都是以傳統詩詞唱和為主。1920年7月，台灣出現第一份由台灣人經營的媒體《台灣青年》，該刊在東京編輯，發行對象則為台灣讀者，然後這份刊物幾度易名，從《台灣》（1922）到《台灣民報》（周刊，1923），到《台灣新民報》（由周刊又改為日刊，1930），再易名為《興南新聞》，直到二戰爆發後併入日文報紙《台灣新報》而結束，1920到1944廿四年間，這一個代表台灣人的傳媒，可以統稱為《台灣新民報》系，它的「文藝欄」就是副刊，在台灣報紙副刊發展史中扮演重要角色。[8]

二戰結束後，中華民國政府接收《台灣新報》，由台

---

[7] 關於台灣副刊發展資料，參考葉石濤：《台灣文學史綱》（高雄：文學界雜誌社，1996），頁28-67，以及林淇瀁：《書寫與拼圖——台灣文學傳播現象研究》（台北：麥田，2001），頁25-27。

[8] 林淇瀁，同上註，頁26。

灣行政長官公署接辦，更名《台灣新生報》創刊；1946年2月，中國國民黨經營的黨營《中華日報》在台南創刊，隨後的軍方報《和平日報》創刊，到了1947年，台灣公民營報紙共有20家。在戒嚴的年代，國民政府為了穩定對民間的掌控度，採取計畫性資本發展的策略，因此1949年11月〈台灣省雜誌資本限制辦法〉公布後，陸續又發布了十餘條法令，除了遷移及復刊的報紙如《中央日報》、《自立晚報》外，限制新辦報紙雜誌，於是在1960年以後，台灣報紙一直維持在31家。[9]

由於解嚴以前，文化人對於文化生產活動的認識過於簡單，譬如爾雅出版社七〇年代剛開始運作時，王鼎鈞《開放的人生》才在預約期就有四千本的銷售量，爾雅出版社負責人隱地在接受訪問時提到：「在創社之初，就積極邀到當時已頗負盛名的王鼎鈞先生寫的《開放的人生》，及琦君的《三更有夢書當枕》，以作為初期創業成功的保證，果然第一批書印出來就賣的非常好，前者單單是預約就已經銷出去四千冊」[10]；又如，自五〇年代以降，政論雜誌如《自由中國》、《文星》到七〇年代的《美麗島》，文學雜誌如《文學雜誌》、《現代文學》、《台灣文藝》、《文學季刊》、《純文學》及各種同仁刊物，屢屢發揮了對社會的影響力，而七〇年代開始的兩大報文學獎更讓從文學獎出身的作家嚐到了得獎即成名的滋味……。戒嚴時期超乎社會運作法則的文化影響力，使得知識份子錯以為解嚴以後文化產業會更加

---

[9] 陳國祥、祝萍：《台灣報業發展40年》（台北：自立晚報，1987），頁53。

[10] 萬麗慧：〈等待文學的漲潮日——訪爾雅出版社人隱地〉，《全國新書資月刊》第25期（2011年1月），頁41。

蓬勃，大家沒有思考到的部分，是政治解嚴同時發生的經濟解嚴。[11]

報禁解除，開始出現百家爭相辦報的現象，一時之間，新報紙如雨後春筍般紛紛成立：《自立早報》、《聯合晚報》、《首都日報》、《太平洋日報》、《大成報》、《中時晚報》、《民生報》……。原有的報紙也紛紛增張，如《中國時報》、《聯合報》、《中央日報》等從三大張先增為六大張、七大張，往後三大報（《中國時報》、《聯合報》、《自由時報》）更慢慢擴張為十二大張，甚至十五大張。看起來報業的戰國時代來臨了。

不過，才幾年時光，報業就從風光的頂峰開始走下坡，不說質的變化，只說報社的存廢，《首都早報》1990年就停刊，《太平洋日報》也沒撐多久，《自立早報》1999年停刊，《自立晚報》2001年印完五十四年來最後一張五大張的報紙，隨後由員工接手，有一搭沒一搭地出報，至今只剩網路可以搜尋到的網路報。《勁報》從1999年創刊到2002年只有三年的壽命，因應網路革命而興起的網路原生報《明日報》，更是只有2000年的風光一年。

《自由時報》1996年即宣稱兩大報的時代結束，成為三國鼎立，2003年《蘋果日報》創刊，更是澈底改變報業生態。2006年有包括《大成報》、《台灣日報》、《中央日報》、《民生報》在內的重要報紙宣布停刊。[12]

如同傳播學者林淇瀁所說，和文學息息相關的報紙副

11　王浩威：〈社會解嚴，副刊崩盤？——從文學社會學看台灣報紙副刊〉，《世界中文報紙副刊學綜論》（台北：聯經，1997），頁234。

12　此處資料參考「台灣媒體教育基金會」架設「報禁解除廿年部落格」，由台大新聞研究所林麗雲教授整理的「報禁解除二十年大事紀」。

刊，由於它「從屬」、與「自主」的雙重媒介性格，它的變化自然和報紙的興退成為命運共同體。

> 副刊的微妙，在於它相對於當代西方報業，以全然不同的身姿存在東方中文報業之中，彰顯著東方傳媒與西方傳媒的殊異面相……副刊的獨特，來自於它既是大眾傳播的，同時又是文學的媒介……這種介於大眾文化與精緻文化之間的擺盪，形成副刊在大眾傳播媒介中最特別的特色。也正因為如此，華文報業的副刊，同時就具有「從屬」與「自主」的雙重媒介性格。[13]

副刊從屬於報紙正刊，作為輔助、補充和旁襯角色，但也自主於報紙正刊之外，在內容、形式與精神，乃至人員、編制、作業上都與正刊別樹一格，自成天地。加上副刊在台灣超過一甲子（自1949年算起）的現代文學史中，始終扮演引領風騷的守門人角色，所以副刊其實「不副」，不但不為正刊補白，甚至有強勢副刊威脅到正刊的地位，如《中央日報》經常有讀者詢問單獨訂閱《中央日報副刊》的可能性。

曾任《中央日報副刊》主編前後廿多年的孫如陵認為，「副刊是一種綜合性的活頁雜誌，其構成成份以文藝為主，附屬於報紙，作不定期的發行」[14]，孫如陵認為，適合雜誌刊載的，也適合副刊刊載，所差的只是副刊是一個單頁，

---

[13] 林淇瀁：《書寫與拼圖——台灣文學傳播現象研究》（台北：麥田，2001），頁118。

[14] 孫如陵：《副刊論——中央副刊實錄》（台北：文史哲，2008），頁58。

容納量不如雜誌而已，五四時期聞名的四大副刊——《覺悟》、《學燈》、《晨報副刊》、《京報副刊》，往往把每個月的副刊集合起來，裝訂成合訂本出售，若各報副刊的合訂本可以視同雜誌，則每天出刊的副刊，不正是活頁的雜誌嗎？根據此一定義，副刊的內容除了新聞外，可說無所不包，舉凡文藝創作、生活報導、學術研究、時事雜文、歷史傳記、家庭資訊、科學發明，乃至影視娛樂資訊，均可稱為副刊，這種綜合性副刊的特色，也正是一九四〇、一九五〇年代戰後約廿年間的報紙副刊風格。

除了把副刊當作活頁的雜誌，孫如陵還認為文藝不是副刊的全部內容，「那種副刊即文藝，文藝即副刊的看法，乃不合事實的忖度；緣此忖度而想把副刊辦成文藝的刊物，也是不切實際的主張。」[15]與孫如陵所定義的綜合性副刊風格不同，是專指以文藝、文學、文化為導向的副刊，這類副刊主張以林海音為代表。曾在一九五〇年代擔任《聯合報》副刊主編的林海音，即透露她在接編之前，聯副是綜藝性濃、文藝性淡的副刊，接編後開始走向「文藝性」的方向，此一「文藝性」方向的副刊，其後為各報副刊所依循，形成了一九六〇代台灣報紙副刊的「文學副刊」的模式。[16]

一九七〇年代，副刊又進一步變化，不再滿足於單純提供文學作品園地的「文藝性」取向，而轉到「文化性」的取向，曾經掀起副刊改革運動的《中國時報・人間副刊》主編高信疆強調，一個新型態的副刊應該是：

[15] 同上註，頁54。

[16] 林海音：〈流水十年間——主編聯副十年雜憶〉，《風雲三十年》（台北：聯經，1981），頁90。

在形式上，它是從文學的筆出發，以多風貌多姿彩的表現。來反映現實，重建人生，帶動文化，甚至發揮出社會整體的批評與創造的功能；在內涵上，這一塊版面也擁有了幾個重要的意義；首先，它是一座橋樑，一種溝通工具；其次，它是一扇窗戶，掌握且傳遞了各式不同的訊息。復次，它是一面旗幟，展現一份報紙的理想與特色。此外，它還是一個天秤，具有輿論的變遷價值。[17]

高信疆所提倡的這個一扇窗戶、一座橋樑、一面旗幟、一個天秤的「文化副刊」的特徵為，內容的多元化、表現形式的多樣性、計畫性的傳播、知識分子的大量參與。高信疆的副刊理念，也促使競爭對手、由瘂弦主持的《聯合報副刊》，不得不從純粹的「文學副刊」，偶爾也變身成「文化副刊」來和《人間副刊》相抗衡。瘂弦在紀念高信疆的文章說道：「我是1977年10月1日接編聯副的，沒多久，信疆果然重披戰袍，再一次主持人間副刊。從此硝煙四起，龍戰在野，我們兩個難兄難弟就打將起來，打得天昏地暗，丟盔卸甲，不可開交，差點兒賠了我半條老命。」[18]

總的來看，戰後台灣報紙副刊，由一九四〇年代到一九

[17] 陳銘磻、吳梅嵩、游淑靜、林麗貞與羅細綸：〈一個概念的兩面觀：概念——副刊編輯；兩面觀——人間副刊主編高上秦，聯合副刊主編瘂弦〉，《愛書人》旬刊第127期（1979年12月11日），專輯／專題、學術／書介版（第2-3版）。

[18] 瘂弦：〈高信疆與我〉，《紙上風雲高信疆》（台北：大塊文化，2009），頁108。

八〇年代中期，就是以「綜合副刊」、「文學副刊」、「文化副刊」這三個模式，表現出副刊各個時代的不同面貌。

1988年解除報禁，副刊的形貌隨著報業競爭、報紙張數的大幅增加而產生了更為多元、複雜的改變，同時也有逐漸衰頹、弱化的趨勢，究其原因有二，其一、原本三大張時代的副刊，開放後成為六大張甚至十二大張，而文學副刊始終只有一版，於是影響力由十二分之一弱化為六十分之一；其二，報社為滿足不同階層所需及市場競爭壓力之下，衍化出各種比文學副刊文學性稍弱、更平民化如《繽紛》、《寶島》、《浮世繪》、《花編》等的「第二副刊」。而在報社的讀者閱讀喜好調查中，第二副刊受歡迎的程度往往超過第一副刊。如向陽所說：

> 部分競爭力強的報紙，特別是《中國時報》與《聯合報》，開始根據市場需求，轉化早已有之的「家庭版」，增益其內容，轉化其調性，推出了趣味性強、可讀性高，而大眾近用性（接近與使用）大的「第二」副刊，名其版名為《繽紛》、《浮世繪》，果然受到大眾讀者的喜愛；其後力追兩報的《自由時報》繼起，也在《自由時報副刊》之外另設《花編》。從此，第二副刊成為報業據以吸引大眾讀者的版面。[19]

距離解嚴不到十年，1997年由文建會委託《聯合報》舉辦「世界華文報紙副刊學術研討會」，與會發表論文的王浩

[19] 向陽：〈繽紛花編繪浮世——報紙第二副刊的文學取徑觀察〉，《文訊雜誌》第190期（2001年8月），頁46-49。

威在他的論文中直接點出「社會解嚴，副刊崩盤」，當時各報副刊的情況是，《中時晚報・時代副刊》停刊，《自立早報副刊》停刊，《大成報》不設副刊，《自立晚報副刊》版面縮小，而執副刊牛耳的《中國時報・人間副刊》公布的徵稿條件，強調來稿文長不要超過兩千五百字。

當時憂心「文學已死」的有心人士無法想像的副刊景況，到了2019年又是什麼樣子呢？全國性而每日出刊的副刊有《聯合報》、《中華日報》、《人間福報》、《青年日報》等。《聯合報副刊》雖然每天出刊，但每天的版面只能容納五千字，而《中華日報副刊》因只在台南發行，一些在此發表作品的作家都是收到剪報才知道文章已刊出；《人間福報副刊》因著正刊的宗教性質，讀者結構和其他大眾傳媒相較，是比較特定的對象；《青年日報副刊》因為讀者以國軍為主，宣傳意涵及定位和《人間福報》相同；《中國時報》的「人間」副刊目前只有周一到周五有正常版面（周五為「開卷」專刊）；《自由時報副刊》一周出刊四天，從周日到周三，每版短縮至四、五千字。此外，《蘋果日報》雖有刊名為「副刊」的版面，但內容並非文壇定義的文學副刊；《更生日報》雖是花蓮的地方報，但副刊在發表當地作家作品，以及書寫花蓮文學方面有一定貢獻；《國語日報》有以青少年、兒童為對象的副刊；在新媒體興起的新世紀，大部分紙媒也發行電子報，閱讀電子報的讀者日增，傳統紙媒的讀者群以及影響力都在消退中。

三、中央副刊主編述要

1928年創刊於上海的《中央日報》，1949年隨國府遷台，2006年實體報停刊，改為網絡報形式繼續發行，但此網路報並沒有副刊。實體報總計發行28356號。

封德屏曾發表〈花圃的園丁？還是媒體的英雄？〉一文，廣論各報副刊主編，其中統計從1949年到該文發表的1997年，在台灣主持《中央日報副刊》計有耿修業、薛心鎔、孫如陵、陸鐵山、王理璜、胡有瑞、梅新等七位。[20]其中孫如陵曾二度主編，前後長達廿二年，在台灣副刊史上擔任主編的年期之長也是數一數二的。[21]

在中國報業歷史上，文人或作家主編副刊由來已久，如孫伏園、徐志摩、張恨水、劉半農、陳紀瀅、梁實秋等，而國府遷台初期，副刊主編大多由新聞專業畢業，或曾任報社記者、採訪主任、副總編輯等職位的人主編或兼編，早期《中央副刊》的主編耿修業、薛心鎔、陸鐵山、王理璜、胡有瑞，都是這樣的背景出任副刊主編，可見遷台初期各報社用人仍以新聞專業為基本考量。

1961年，曹聖芬接任《中央日報》社長，曹社長也是新聞系出身，曾任《中央日報》總編輯，接任社長後，把在

[20] 封德屏：〈花圃的園丁？還是媒體的英雄？──台灣報紙副刊主編分析〉，《世界中文報紙副刊學綜論》（台北：聯經，1997），頁367-368。

[21] 孫如陵從1958-1972、1977-1984前後兩次共主編《中央日報副刊》廿三年，蔡文甫自1971-1992主持《中華日報副刊》計廿二年，瘂弦從1977-1997主編《聯合報副刊》，算起來是廿一年。楊澤主編《中國時報人間副刊》自1990至2014年。

資料室工作的孫如陵找來擔任副刊主編。孫如陵曾自述，他感於曹社長知遇之恩，原本一肚皮不合宜，說話儘逞口舌之快，卻也受曹聖芬影響變得溫柔敦厚，他並且認為：「《中副》在歷任社長領導之下，為環境所侷限，僅維持一個小康的局面，到曹社長手裡，才開始壯大」。[22]

這個開始壯大的副刊是什麼樣子呢？首先是天天見報，建立讀者閱讀《中副》的習慣；歡迎外稿，引進外社的大智大才來充實《中副》內容；同時經常研究新的內容，如開發「趣譚」、「我的座右銘」等欄目，又發行《《中副》選集》，讓《中副》版面上的好文章有再一次與讀者見面的機會，這些在當時都是走在時代先鋒的創舉。曹聖芬擔任社長十一年，領導《中央日報》成為國內言論第一大報，與《聯合報》、《中國時報》鼎立一時。孫如陵從1961年至1978年擔任《中央副刊》主編，維繫《中副》第一大報副刊的地位，也開創了所謂的孫如陵時期。

四、孫如陵時期

孫如陵是新聞系出身，主政《中副》之前已在《中央日報》歷練多年，本身也是專欄作家，1955年在一篇〈中副內情〉的文章中，就已經提出他對編副刊的看法，他對於《中副》的形式與內容，用了兩句話形容，「疏疏淡淡幾根線條，平平實實幾篇文章」，他寫道：「此後廿餘年，我在《中副》幾進幾出，都是照著這兩句話去做的，一直到今

22 孫如陵，同註14，頁19。

天」[23]，疏疏淡淡幾根線條指的是版面，長短有度，疏密有致，大小得宜，輕重得體，符合編排方便，閱讀方便，剪貼方便的要求；平平實實幾篇文章指的是稿件性質與來源，多方面開闢稿源，稿源暢旺，編者可選擇刊登的優秀文章也多；各類稿件平衡，讀者在版面上可自由閱讀喜愛的文章，孫如陵時期《中副》風格便是如此形成。

學者張素貞指出，「《中央日報》在孫如陵擔任副刊主編的階段開始茁壯，《中央副刊》漸漸成了副刊中的翹楚，在我國報業的副刊史上，他造就劃時代性的成績，成了副刊史上的標竿」。[24]

孫如陵主政時期，《中副》在有利的大環境下，走得十分平實穩健，許多當時名重一時的作家作品，都常在《中副》上刊登，也發掘了許多創作新人，封德屏便認為，「雖然以今天的角度來看當年《中副》『中正平和、樂觀奮鬥』的選文尺度，不免有些保守，但在當時確實有振奮人心、鼓舞士氣的作用，而且和整個時代及政府政策做了很好的實質配合」。[25]

實則《中副》雖有第一大報的黨國優勢，但若非孫如陵對編副刊有一把堅定的尺，恐怕頂多也只是如前面所說維持小康局面，他最知名的創舉是在接編《中央副刊》之初，曾到廈門街余光中的寓所請益兼約稿，要求推薦小說的後起之秀，於是有了朱西甯那篇〈狼〉用稿曲折的文壇趣事。〈狼〉雖是余光中推薦而寄到《中副》的稿子，但孫如

[23] 同上註，頁28。

[24] 張素貞：〈副刊史上的標竿——憶念孫如陵先生〉，《文訊雜誌》第281期（2009年3月），頁49。

[25] 封德屏，同註20，頁353。

陵看原稿雖字跡工整厚厚一疊，但第一頁卻是新抄的，他認為這是曾投稿他處被退的稿子，一開始閱讀就有先入之見，沒想到越讀越著迷，簡直欲罷不能，最後不但創發性地選用狼的照片鋅版當刊頭、並且大膽把所有短稿扣下，整個版面只發〈狼〉七千字，目的是使讀者沒有選擇，非讀它不可。〈狼〉一舉成名，至今仍被認為是朱西寧的代表作，也奠定孫如陵繼續推革新版面的基礎。

此外，《中副》用稿六親不認鐵面無私也是有名的，就連曹社長方塊文章都照退不誤，也在《中副》擔任多年編輯的翻譯家黃文範說孫先生編《中央副刊》有三快：用稿快、退稿快、稿費快。退稿約占十分之九，他一邊退稿，一邊卻給作者附上鼓勵的信件。[26]

孫如陵曾有一文〈副刊怎麼辦〉說明自己編副刊的原則，是要雜要俗要趣要新，「雜才可望做到無所不包，而把副刊的領域，廣充至最大程度……，要俗，才能通俗化、大眾化也才深入生活裡層，反映大眾的生活」[27]，至於有趣，就能化腐朽為神奇，立刻著手成春，引人入勝。新則是新聞的新，新時代的新。秉持雜俗趣新這個編副刊的心得，孫如陵時期，確實有一些能在副刊史上留名的舉措，「當年改稿是大事，蔡文甫說他巧妙地把徐鍾珮〈中正橋上看落日〉改為〈川端橋上看落日〉，避去敏感的政治禁忌……因著《中央副刊》廣闢稿源，就稿論稿，備受歡迎的好文章有如展覽競賽，〈一個小市民的心聲〉、〈南海血書〉、〈病榻心聲〉都曾轟動一時。而孫先生提攜後進更是難得的熱忱。水

[26] 張素貞，同註24，頁50。

[27] 孫如陵，同註14，頁77-78。

晶〈沒有臉的人〉發表，前衛的風格打破一般以為《中央副刊》作風保守的刻板印象。」[28]此外，因應《成功者的座右銘》譯稿開天窗而發動《我的座右銘》徵文成功，進而出書暢銷，足見他的眼光遠大，能掌握讀者的興味，又兼顧副刊提升品質的教化功能，讓報社名利雙收。

2008年，孫如陵把自己多年撰寫關於副刊的文章結集成《副刊論》出版，新書發表會上，前《中央日報》社長黃天才、石永貴也到場祝賀，說到被《中央副刊》孫如陵退稿對他們的寫作起了鼓舞作用；隱地則說，每次被《中央副刊》退稿都會收到孫如陵的鼓勵信，這促使他寫作不輟。作家張曉風認為現在的閱讀太分散，以前都集中在一張半的《中央副刊》，那個時代的風格，仍是可以繼承的，希望將來能將中央副刊數位化，以供後進閱讀參考。曾任《中副》編輯的藝文記者郭士榛說，「當時孫如陵主編鼓勵他們每個人都能獨當一面，使他們感到責任很大，但工作十分愉快」。[29]

筆者接任《中副》主編之後曾多次到孫如陵先生在中央新村的住處拜訪，請教他副刊編務，孫翁（他習慣如此稱呼）給了筆者許多寶貴意見，印象最深的是孫翁告訴我，在任何場合遇見作家拿出稿件請你指正，其實是要投稿的意思，絕不可當面展閱，要立即放入囊中，然後說回去後仔細拜讀。其中道理在於當面展閱如果文章不錯可以刊登還好，若稿子不能用，如何能當面退稿呢？這是中副老編的經驗談。

[28] 張素貞，同註24，頁51。

[29] 郭士榛：〈副刊推手《中副》傳奇〉，《人間福報》2008年10月25日，第12版。

五、梅新時期

1987年2月梅新接編《中央副刊》，大手筆的版面調整及有系統的企劃編輯，曾獲得四次金鼎獎的肯定，繼孫如陵後再度創下一番佳績。

「梅新與《中央日報》副刊」和「孫如陵與《中央日報》副刊」代表的是不同意義，孫如陵主持《中副》先後長達廿三年，目前在副刊主編領政紀錄上仍是數一數二的紀錄。從一九五〇年代到一九七〇年代，整個台灣現代文學發軔期的重要作品、重要作家與文學特色都在他手下成形。加上以黨領政時期《中央日報》第一大報的身分，公車是否漲價，《中副》的方塊說了算數；一篇孤影的〈小市民的心聲〉掀起全國的「新生活運動」。研究副刊學，孫如陵與《中央日報》副刊不得不提，但是梅新與《中央日報》副刊的意義在於，他讓已漸漸失去影響力的《中央日報》副刊重新參與副刊風雲。如前所引，詩人洛夫曾說大家都知道，副刊時代，前期是瘂弦與高信疆火拼，後期則是瘂弦與梅新爭鋒。

文化大學新聞系出身的梅新，他的老師鄭貞銘闡釋他編副刊的理念如下：「梅新對報紙是有使命感的，『傳播取向的文學社會學』可能是他的理想，他認為文學副刊不僅體現某些文化價值、規模，更應該是進一步鞏固和傳播這些價值的重要工具」[30]，在他的努力不懈下，當時新聞局主辦的金

[30] 鄭貞銘：〈不僅是老兵，也是大將！——梅新與報紙副刊〉，《他站成一株永恒的梅——梅新紀念文集》（台北：大地，1997），頁175。

鼎獎副刊編輯獎，等於是各報副刊的正式競賽，《中央日報副刊》1987、1988、1989、1991接連得到四次，這項得獎紀錄讓《聯副》的瘂弦感受到很大壓力，瘂弦直到1997年才得到這項肯定。

《中副》得到這四座金鼎獎，當然也不一定是真的表示編的比《聯合副刊》、《人間副刊》、《中華副刊》好太多，筆者認為有一部分是肯定梅新主編創造《中央日報》副刊的新高峰，他把《中副》從「冷副刊」變成「熱副刊」，同時也是對《中央日報》副刊在正刊報份日漸減少、社會影響力大減、財力較兩大報困窘、文化資源當然也較少的情況下，能有如此成績的支持與肯定。柯慶明的這段回憶：「梅先生幽幽的說：『他們《中國時報》辦張愛玲一個人的會議，文建會就給一百四十萬；我們《中央日報》辦百年來中國文學的會議，文建會卻只給八十萬……』」[31]，說明了梅新如何以較少的人力與資源，創造出和兩大報（《中國時報》、《聯合報》）副刊並駕齊驅的成績。

早在1984年，梅新任職《聯合報》時就曾在報系內部刊物發表編輯副刊的理念，他對如何編輯一份為現代社會大多數人閱讀的副刊，勾勒出幾項具體的看法：一、拋開傳統的包袱；二、不走純文學的路；三、爭取主動，避免被動；四、觸角伸向各個層面。[32]

梅新是從事文學創作的人，站在個人對文學愛好的立

[31] 柯慶明：〈斯約竟未踐〉，《他站成一株永恒的梅——梅新紀念文集》（台北：大地，1997），頁93-104。

[32] 梅新，〈漫談副刊編輯〉，《聯合報系月刊》，1984年6月號。轉引自張素貞主編：《投影為風景的再生樹》（台北：文訊雜誌社，2017），頁227-231。

場，當然希望報紙副刊永遠維持高水準的文學刊物的形態。但是他知道喜歡文藝（尤其是嚴肅文學）的人口，畢竟是少數，若報紙副刊編輯，在心態上仍不能面對廣大的大眾，審理稿件時非文學不視，非文學不刊，便不是一位好的副刊編輯了。再則他認為任何題材都適合副刊，問題在於副刊編輯肯不肯動腦筋，懂不懂得製作；並且要將邀稿的觸角伸向每一個角落，不能以現有的周遭的朋友，以及大家所熟悉的人的作品為滿足。

主編《台灣時報》副刊時，梅新已經把他的副刊理念初步實踐，主政《中副》十年更進一步把原本冷副刊的《中副》編成熱副刊。

1988年的元旦，報業競爭正式開打的第一天，副刊版面上有一大欄「《中副》的一大步」，預告新年推出的六大專欄，包括〈作家的第一件差事〉、〈走向社會風景〉、〈漫畫文學家〉、〈名家推薦的一本書〉，當時筆者才到副刊不久，心想，這些精彩的標題與內容是怎麼訂出來的？

別的副刊的文化風格是如何建立的，筆者無權代言，不過因為跟著梅新主編做事，倒是知道得獎的副刊怎麼編的。熱副刊的主編腦子沒有一刻休息，總在想著新點子，全身的細胞大張，時時在觀察身邊的人事物，文學不只是文學，也是政治、時事、社會、新聞……版面上的內容不能一成不變，得經常推陳出新，除了等候來稿外，也要主動出擊、策畫專題，因此得定期開個編輯會議，腦力激盪一番之必要。

通常是梅新主編說個時間，「後天下午兩點開個會吧」，大家就得絞盡腦汁，準備幾個要提出的點子。大部分編輯會議是在咖啡館召開，或許因為柔和的燈光、舒適的沙發及咖啡香，比辦公室制式的工作環境更適合發想吧。一開始編輯們按照輩分順序發言，先略陳己見，前人提的創意後人也可讚許或修正，最後才由主編歸納總結。筆者覺得自己不是創意型的人，聽到同事們的發想迭出新意，總是讚嘆不已。原來那些出擊再出擊的專欄與專題製作，就是這樣產生的，副刊的熱度就在這群年輕編輯身上。

小說家郭強生曾任《中副》編輯一年，他回憶加入《中副》的日子，認為梅新先生當年可謂用人大膽，「我們同一個辦公室的一半以上從未接觸過副刊編輯工作，他真的就是一個一個教，母雞帶小雞似的，帶我們去拜會，去觀摹，去認路。常常在上班時間，他會突然走進來說，某某某，跟我出去一趟。結果就是跟著他坐上計程車，去中研院跟吳大猷先生喝杯茶，去余英時先生下榻的飯店聊聊天，或是參加一些開幕酒會什麼的。我那時還不過是剛出校門的大學生，於是學會了常常觀察他，多了解了許多應對進退，兩三個月後我竟然也就出師了，開始單槍匹馬跑新聞局、經濟部，或是拜訪文壇大老。」[33]

梅新主編是新聞科班出身，在他主政的的副刊，採訪報導分量很重。筆者粗略計數過，在工作上所寫的採訪稿有數百萬字，比文學創作還要多，還常常不得不變換筆名，以免《中副》版面上同一個作者出現次數太多。這些採訪稿，除了少數配合專輯輯印成書外，大多和合訂版的報紙一樣埋沒在資料室的檔案裡。

筆者曾檢視自己的寫作歷程，不禁想起王鼎鈞先生說

[33] 郭強生：〈我在《中副》的日子〉，張素貞主編，《投影為風景的再生樹》（台北：文訊，2017），頁266-267。

過，他早年在報社寫方塊的經歷影響了他的文風，曾說想寫小說不可得，因為當時方塊寫作文字需要簡潔俐落，而寫小說需要敷衍鋪陳。不管是寫小說或散文，筆者的文字一向不是華麗繁複，但越來越直白簡潔，或許也是採訪寫作的影響。

「中副下午茶」也是梅新主編的創舉。邀請作家演講，談他的作品，談他的人生，這是熱副刊基本的活動，即使是冷副刊時的《中副》，也會藉著一年一度的「中副作者聯誼茶會」來增進文友以及作者、讀者間的聯繫。但是「中副下午茶」特出之處，在於邀請演講的對象不只是作家，層面非常廣，擴及文化、藝術、學術，甚至政治。如果找一個部長或院長來談政策，那是屬於新聞版面的工作，副刊作來就是「踩線」，有失工作倫理。但即使是政府官員，如果言談的內容是他的人生、思想，那麼就也是文學的一部分。學新聞出身的詩人梅新主編，就有這樣的新聞敏感度以及文學心。演講內容整理出來，放在副刊上發表，既讓讀者認識政府官員的另一面向，也是內容豐富的報導文學或勵志文學。

1995年5月，「中副下午茶」開張，一開始是在報社的會議室舉辦，1996年2月移師一樓新裝潢開設的「中副夢咖啡」咖啡館。一個咖啡館以副刊為名，即使不是絕後，也一定是空前，可見當時《中副》在報社受重視的程度。在咖啡館的「中副下午茶」既然以文學為名，第一場便邀請了有「小說王」之名的小說家張大春。他認為寫小說的人是學徒、苦力與工匠，這個譬喻和一般人想像不同，普遍以為文學活動是風雅的，喝茶、飲酒、曲水流觴，所以我們形容文人風流蘊藉，但張大春卻說小說家必須通過學徒、苦力的過程，才能成為工匠。[34]

知名的建築師、也是知名散文家的漢寶德先生，在「中副下午茶」談到他的筆名，很多人覺得他的筆名「也行」很托大，似乎很自負高傲。其實他取筆名並沒有特殊意涵，卻因此做了很多事，確實「這個也行，那個也行，什麼都行」。我在蔡文甫先生的傳記中看到漢先生的另一個筆名是「可凡」，他用「也行」在聯副寫專欄，臧否政經大事，用「可凡」在華副討論文化界大事。這個筆名事，為漢先生談論建築、文化議題增添了趣味。[35]

學新聞的詩人主編梅新先生，雖然也希望為文學盡一份心力，卻也因為市場取向與競爭需要，不得不做了許多改變，而黨報的特性，在梅新主編的靈活運用之下，更使得《中副》除了文學味，也有些政治味。梅新主編十年間，在副刊上出現的院長、部長、祕書長……數不勝數，不過這些官員與企業家們在副刊出現，梅新主編用報導文學的方式來處理，並沒有離開文學太遠。後來梅新主編又擘畫了一個史無前例的活動，那就是帶著八位青年作家到總統府，和李登輝總統共度一個文學的下午。

國家元首接見外國政要，約見政府官員，接受新聞記者訪問，接見各界傑出的人物等等，這些活動時有所聞，可是和年輕作家談文學、談生活、談成長經驗，而且一談就是兩個多小時，這可是前所未有的一項創舉。誠如隔天報紙上的報導，周玉蔻說：「在這個文學下午裡，政治與文學是一致

[34] 林黛嫚：《推浪的人》（台北：木蘭文化，2016），頁76。
[35] 同上註。

的，總統和作家是平行的。」[36]

事過境遷，臺灣走到了一個只要說得出道理，人人可以談國是，對國家元首若有不滿，甚至嗆聲或丟鞋之事時有所聞的年代，尤其在政治氛圍丕變之後，也許就連當時「出門見總統」的青年作家都不願再提起往事，但是那次活動讓文學、讓《中副》的能見度放大許多，這應該是文藝推手所樂見的吧。當天副刊版面上引了一段話，李登輝總統說：「中央日報副刊是最受歡迎、最被接受的副刊，所刊文章幫助青少年很多，對社會影響很大，是國內歷史最悠久的副刊。」雖是自家報紙上自吹自擂，這樣的說法卻是不爭的事實，身為「《中副》」一分子，或是喜歡《中副》的讀者都覺得與有榮焉吧。[37]

在梅新紀念文集中，零雨寫道，梅新生平最愛龔自珍「但開風氣不為師」的詩句，「因此他喜歡做別人想不到、做不到的事……不論在國內國外旅遊度假，他總是以工作為先。」[38]這十年《中副》的梅新時期，諸如專題擘劃，舉辦學術討論會，百年來中國文學學術研討會，中副下午茶……，他要求自己「但開風氣」，他確實做到了，而且影響深遠。

---

[36] 林黛嫚：《推浪的人》（台北：木蘭文化，2016），頁182。引文原出自〈總統與作家〉，《文學的饗宴》手冊（台北市：總統府發言人室，1994），頁91。

[37] 林黛嫚：《推浪的人》（台北：木蘭文化，2016），頁182。

[38] 零雨：〈梅新事略〉，《他站成一株永恆的梅》（台北：大地，1997），頁4。

六、後梅新時期

為編副刊殫精竭慮、甚至鞠躬盡瘁的梅新主編，1997年8月因病請辭主編職務，而由時任副主編的筆者接任，開啟後梅新時期。

筆者主編《中副》將近十年，在歷任中副主編任職期程排第三位，那麼為何不稱為「林黛嫚時期」，而說是「後梅新時期」？一則，筆者從小學老師轉換跑道，從只有校刊編輯經驗，到接下主編的重責大任，每一樣學習都來自梅新主編的訓練；二則，進入1990年代之後，《中央日報》和許多紙媒一樣，開始風雨飄搖，最終走入歷史，筆者接掌《中副》之後來不及持續開拓，就得努力撐持不使傾頹，花在守成上的力量多過建立自己的風格。

回想起如何從小學老師成為副刊編輯，在接到一通來自《中副》編輯的電話。接電話的隔天，星期六的傍晚稍過，筆者走進八德路的中央日報大樓，《中央副刊》的主編辦公室。

> 梅新主編站在辦公桌後，桌上亮著燈，我們在牆邊一几兩椅的沙發座面談，主編問我一些簡單的問題，似乎是履歷表上會有的內容，然後給我一張稿紙，說了一則事件，要我改寫成『藝文訊息』，這就是筆試了。我寫完後，梅新先生帶著那張稿紙離開一會兒，再回來時，他問我是否可以下周一開始上班。
>
> 什麼都不必問，重要事不必問，不必問為什麼想來副

刊工作？不必問知道不知道報社工作是怎麼一回事？不必問捨得放棄教師工作嗎？細節如小學教職何時辭卸，薪資幾多福利如何等等也不必問，彷彿一切就這麼自然，就這麼說定了。

我要過了很多年，到我也要擔起應徵新同事的責任時，我才能感受到，這樣看似簡單明快，不花力氣就決定試用新人，是需要經驗與智慧，還有緣分，一種無法言說的緣分。[39]

每一位副刊主編在擔任這工作的第一天，就必須確定他要編的副刊的容貌嗎？聯副主編瘂弦在《世界中文報紙副刊學綜論》中有一篇〈博大與均衡〉揭示了他的副刊編輯觀；孫如陵有一整本《副刊論》說明他對當副刊編者的想法；梅新主編會接編中央副刊，據說是因為主編《台灣時報》副刊編出成績，受到當時黨營事業主管的賞識，所以梅新主編來《中央日報》時應該是胸有成竹；寫小說的蔡文甫接編華副之前，並沒有主編副刊的經驗，他曾提到當時中華日報社長要他接編中華副刊時，他當場茫然不知所措。

筆者呢？離開小學教職轉任報社工作，編輯、採訪、寫作、企劃，這些都是新鮮、具挑戰性的事，如果副刊也和新聞版面一樣只有一天生命，那麼每一天都是未知而全新的一天，這種感覺讓人深深著迷，跟著梅新主編和副刊的同事一起工作，日子新鮮而有勁，一點也不覺疲累、厭倦。「我們都已經習慣聽主編的吩咐做事，也許是我生性大而化之，

[39] 林黛嫚，同註34，頁24。

也許是梅新主編幹勁十足，我從來沒有意識到這位主編是位老先生了，也從來沒想過可能有一天我們得換一個主編跟。然後某一天，我就被賦予重任，頭銜不一樣，做的事也不一樣。以前我只要按照主編指示工作，只要不出差錯，也不需負擔成敗；而現在，我得告訴別人（其他同事）現在要做什麼事，而且事情做得好不好，我得負責任。」[40]這是筆者初接副刊主編的心情寫照。

梅新主編如何設計專題，學著；梅新主編用許多活動把版面弄得熱鬧，也學著。於是前述「但開風氣不為師」的「文學獎」、「下午茶」、「文學到校園」、「文學下鄉」等等持續著，甚至也和大學國文系合辦學術研討會。[41]筆者主持《中副》期間若有梅新時期未曾涉足的事，舉辦文藝營是其一，「我為什麼要辦文藝營？接任副刊主編之後，所做的事都是勇往直前，很少去想為什麼？如今想來，大約是受了梅新主編的影響，知道弱勢媒體要靠辦活動來擴大影響力，加上我可能是，《中央日報》歷來最年輕的副刊主編，舉辦青年營隊，給年輕創作者參與文壇活動的機會」[42]，即便如此，知道報社財力不可能支持副刊編務之外的活動經費，辦了三屆「青年文藝營」以及兩屆「海峽兩岸青年文藝營」也是學習梅新主編向外募款來辦理的。

梅新主編雖然一面推敲詩句，一面黯然遠去，但他編輯的副刊版面留下來了，他建立的副刊風格也留下來了，和《中副》一起走入文學史，成為永遠的副刊風景。

---

[40] 同註34，頁61。

[41] 1999年和台灣師大國文系合辦「解嚴以來台灣文學國際學術研討會」，2000年論文結集，由萬卷樓出版。

[42] 林黛嫚，同註34，頁213。

大學體制內的出版編輯課程創新與改革：以台北教育大學通識與語創系課程為例

陳文成

台北教育大學語文與創作學系助理教授

一、如何創新？怎樣改革？

少子化的新世紀以降，人文科系在就業市場上一直處於弱勢已是不爭的事實，因應大學就業率劇降的憂慮，高教端的大學內部隱約有課程改革的措施因應。事實上改革呼聲早在默默進行，只是實際效益並不大，距今十年以上，成功大學特聘教授張高評已於2008年出版的《實用中文講義》裡提到：

> 現今商品經濟掛帥，一切以消費導向為依歸，中文學門如果依然孤芳自賞，不食人間煙火，就注定要被邊緣化……
>
> 中文學門之教學設計，長久以來，較欠缺「學以致

用」之規劃，頗難適應以功利為導向的現當代需求。[1]

雖然這社會被張教授批評為功利導向，但學生就業卻一直有來自數字真實的統計壓力。國立大學安逸的教職群組生態儘管可以聞風不動，但來自學生就業「有用」的聲音與壓力還是迫切。2013年以來，少數國立或私立大學中文或台文相關科系已有所醒轉，前後釋出或聘用應用中文師資職缺，其間又以編輯出版為選聘重心。依據科技部網頁輔以各校人事室歷史訊息招聘公告觀察，[2]先後有新竹教育大學（現改制為清華大學）、靜宜大學、淡江大學、台南大學、中央大學等校公告招募師資，以期學生畢業後可順利銜接職場，希冀中文、台文以及華文相關科系畢業生不致陷入畢業即失業的難堪窘境。但無奈台灣師資招聘結構有其內部不可說的潛規則，這些因故被招聘進來的師資大半又非專業業師，其中又以改革較為艱難的國立大學為主，這些占缺卻又無用武之地的師資，仰仗出版編輯專長入門，進門後卻只開設自己原來專長的課程，因此只能再起用兼任師資繼續聊備一格。私立大學則可以比較合理地引進專業師資，依師資陣容網頁公告觀察，靜宜大學陳敬介，淡江大學林黛嫚、楊宗翰等人都擁有豐厚的業界經驗，足堪引領新一代學子的學習風潮。

以筆者本身服務的台北教育大學語文與創作學系為例，雖設有「編輯與採訪學程」，但系上專任教師只短暫支援過「出版學」課程，爾後又回歸所謂必修或必選修學分的科

---

[1] 張高評：《實用中文講義》（台北：五南，2008），頁3。

[2] 科技部：求才訊息（上網日期2019/11/30）https://www.most.gov.tw/folksonomy/list?menu_id=ba3d22f3-96fd-4adf-a078-91a05b8f0166&l=ch

目。[3]新進徵聘師資時，出版編輯雖有學程也不是考慮選項之一，往往視退休人員原專長之原則進聘。出版編輯的「有用」在正規的中文、華文、語教或語創、台文系所中仍屬偏旁，「出版學」或「編輯學」的系統難以建立已是事實。國內唯一南華大學出版學研究所也在師資逐漸退出後匱乏，晉用一般管理學相關師資後有計劃逐步的變更原先課程架構，再來則是以生源的考慮為主要取向，拿掉出版，更名為此間流行的「文化創意」研究所，可見「出版編輯」身處時局上的尷尬位置。

「應用中文」嚴格算來應屬技職體系，台灣技職體系對於「應用中文」發展較為有系統也是事實。早期遠在邊地的育達科大甚至於嘉義的稻江學院相對的課程架構也趨完善，以出版編輯項目來說，也都列入各校必選修科目之一。無奈這些技職體系的應用中文，不敵少子化的趨勢，先後停辦或改名，多數也改成文化創意相關科系，終至於停辦、滅系。唯一一家國立台中科大應用中文系也因師資名實不符為人詬病，難以成為帶領技職教育的龍頭。應用中文在現今已不是公文簡牘書寫那般乏味而樣板，取而代之的是新聞傳播寫作和編採出版等專業技能，這些在技職體系學院中早有共識也推廣多年，無奈少子化年代來臨，隸屬技職體系應中系多已關門歇業，應用中文在傳統中文系早列旁門左道，一些傳統中文系出身的資深主事學者雖恥與為伍，卻又不得不面對這急需面對的環境現實，故多聘用業界兼任師資支援，以杜學生渴望學習技能的悠悠之口，以及上級面對社會壓力的一紙

3 請見文末附錄一，台北教育大學語文與創作學系出版學與編輯學開課一覽表。

行政命令。

業界兼任教師雖能解燃眉之急，但蜻蜓點水的學習模式，學生在專業上較難獲得出版較全面的知識，學生學習後多半一知半解，實屬缺憾，事實上，這種問題，仍是目前全台大半中文或台文相關學系共同的迷思。

二、出版編輯課程的核心與實務

（一）出版如何定義

出版定義一向多元而廣博，傳播學者甚至認為文本一經發表既是出版，這樣的擴大解釋，大概連臉書發個訊息都能叫做出版了。

若認真談出版，狹義的出版行為大概分成有聲與平面出版兩個大眾知悉的項目，這裡不談有聲出版（因為那是另一個產值驚人的領域），只針對平面出版品的面向討論。一般認為出版即是文本或意符的發表與呈現，是指將作品通過媒介物傳播向公眾傳布之行為。在著作權的定義中，作品一經完成不論是否出版，即享有著作權。以上當然是理想的定義，出版著作物權利的享有，自然透過載具公開發表為宜，才是確實而可信的證據。

而發表是否既為出版？上面提及，若再傳播學門的認識下，發表是自然是廣義的出版行為，著作（或文本）發表後，著作人當然自然取得其主張人格權及財產權的權力。但發表不等於業界認識下的出版，出版這名詞若要透過學院中藉由學者專題討論，恐怕一本專書都無法得到定論，但學院的學者往往越談論閱聽人越模糊，套一大堆自己都無法自圓其說的理論，只會搞到對「出版」二字心生恐懼。我對出版這項平面傳播的操作上的簡單定義，意即：

> 出版是以文字、圖像透過紙本書籍或書籍型態的電子書對閱聽人進行知識傳布的商業（或宣導）行為。

這裡的文字、圖像來自於著作人辛勤的耕耘成果，媒介以現今時代而言，則分冷媒體與熱媒體，出版其以紙本媒體為主，除卻傳布性質外更有利於知識的典藏性，因此相對於較為即時俗稱熱媒體的電子傳媒。因此不論冷熱媒體，皆以圖（影）像或文字傳播得其閱聽人接收後，是為傳播目地的達成。

在人工AI智慧科技逐漸迎頭趕上的今日，唯一無法被取代的大概只剩下人類不斷推陳出新的創意。創意以滿足生活為目的，以情感為基礎。據網路記載：2014年5月，微軟（亞洲）自發布AI人工智能機器人第一代微軟「小冰」[4]至今，在線聊天的用戶超過百萬人，發展到今日的「微軟小冰」四代，這位18歲的人工智能少女，不但擔任過氣象主播，2017年更練就「十秒成詩」的技能，據說其資料庫搜集1920年代以來中國519位現代詩人的字句，寫作風格且「文思跳躍，意象鮮明」，唯一遺憾的是，許多字詞內在關連性並未融會貫通，實屬萬幸。詩人白靈提及其作品「跳接大膽、妙句層出不窮，又絕非一般寫詩人層次，不可不謂是一

[4] 可參考維基百科說明：https://zh.wikipedia.org/wiki/%E5%B0%8F%E5%86%B0（上網日期2019/11/17）

種奇蹟。」可見詩人小冰並未經過情感運算，而是由資料庫裡理出相應詞彙加以排列組合。所以情感的呈現成為人類唯一的「贏面」，而情感更好的連結就是故事創意的行銷，所有的內容端都以其為基礎。而文字或圖像就是夏學理老師所謂的創造基礎，當然，更須著作權的立法保障，因為人類的惰性，就是會不斷的抄襲，既抄襲自己，也抄襲別人。所以創意是進步的根源，創意是人類生存最美妙的生命節奏罷，它為生活帶來更完好與進步的精神與物質的理想層次。

（二）「選題」為什麼是出版傳播的核心

再則談談出版傳播當中最重要的「選題」。

拉斯威爾（H.Lasswell）的「5W」之傳播公式，其實正說明了出版選題在傳播循環中另一種積極的意義，即：

> 誰（who）→說什麼（say what）→透過什麼管道（In which chamel）→向誰（To whom）→產生什麼效果（with what Effect）？

說什麼（say what），正是選題工作者第一項要確認的目標，選題之後文本會積累成為主題，而文字或圖像就是出版的核心，藉由知識的傳布，古典的出版仍以紙本作為載體，但二十一世紀的當下，電子書已跟隨電子閱讀器如手機或平版電腦跨進生活的場域，紙本已成為基本而非唯一的儲存型態，這是大家該認知的事實。向誰傳布？這是消費群的鎖定，也是所謂的「目標讀者」，選提題者自然需預設可能的消費者，如父母親會買百科或童書給小孩，青年人為自己購入職涯成長或技能學習的專書，女士們專挑家庭料理或美顏美體的參考書籍，當然還有各階段學生的參考書，純休閒娛樂的旅遊書或飲食圖鑑，純文學、漫畫、BL、命理、通俗小說等等浩繁的出版品項。

最後是回饋，亦即讀者的反響。出版作為仲介者，是作者與讀者間的平台，出版單位不能只靠熱情存活，還要永續生存實力的培育。台灣每年新成立的出版社約有二百家，但能持續在二年後能持續出版的不到二十家，可見出版進入門檻低卻獲利不易，不打算長期持有的商界大老往往一時興沖沖的介入，在最短的時間內認賠殺出。這是出版界經常見到的現象。出版要永續經營，往往要先有長期投資與投入的觀念，蜻蜓點水的暴利概念帶進出版業是行不通的。

大多出版單位以獲利作為模式，這當然是正確的。從食譜、漫畫、風水命理書做到童書、勵志等類型，或「類文學書」的生活小品，出版人往往在現實與理想間走平衡木，但大多還是以現實為首要考量。除非遇到的出版單位有其文學出版的傳統，但多數出版專業經理人不見得這麼幸運，因為老闆只以數字說話，並簡單檢視你的出版品項有無他心中的「市場」。當然大家都知道要出版好書，或自己心中最感興趣的選項，所以市場大中與分眾的選擇，也是選題很重要的一部分，當然更重要的，是來自閱聽人購買的回饋。

際此，透過此一傳播的運作模式，將有助於我們釐清出版傳播其間彼此各行其道，又彷彿隱隱擁護著自身價值核心所在的本質現象，形成了出版事業百花齊放的花園特性。

（三）認識著作權

出版人要知悉的法律問題當推認識台灣著作權法，不只高階經理人要明白，一般編輯從業人員更需具備著作權基本常識，以避免公司因觸法等考慮失當的行為而蒙受損失，且可進一步協助作者釐清著作物相關規範，比如著作物合理使用範圍、他人圖片或文字使用之授權等問題。出版合約主要規範作者與出版者間相對的權利及義務，也在於釐清授權雙方責任與著作物歸屬等。著作權目的在保護著作人其個人人格、財產及其延伸權利，不可輕忽。一般出版單位多有法律顧問之設置，但多數對於著作權這項專法就連律師也要深入法條查詢，所以從業人員擁有著作權常識，才是自保之道。

根據2017年台灣最新審定頒佈的著作權法計一萬七千多字，出版從業人員不必死背，但有些規範必須將其融入常識成為職場通識能力之一。依據中央法規標準法第八條參照：法規條文應分條書寫，冠以「第某條」字樣，並得分為項、款、目。項不冠數字，空二字書寫，款冠以一、二、三等數字，目冠以（一）、（二）、（三）等數字，並應加具標點符號（參考資料：中央法規標準法、道路交通管理處罰條例讀法列舉）。明白閱讀方式後，首先就範圍來了解，著作物範疇首先從名詞定義了解，就第3條第一項第一至三款條文表示：

> 一、著作：指屬於文學、科學、藝術或其他學術範圍之創作。
>
> 二、著作人：指創作著作之人。

三、著作權：指因著作完成所生之著作人格權及著作財產權。[5]

在號稱台灣擁有四千家出版社的同時，其實每年出版一本書以上的單位只有不到八百家，而這八百家的一書出版社往往真的都只出版一本書就銷聲匿跡，這種學者式的出版單位或個人形成台灣一種特殊現象，原因在於台灣是自由的國度，國際書碼不像在中國有所分配與管制，早期還時有販售書號的荒謬事件出現。形成只要是具有身分證的個人就能申請為獨立的出版單位，且不一定進行銷售，有違ISBN設計的原始立意。台灣的教職人員經常因為升等需求，就自行或委託親友登記一個出版單位，形成台灣是全世界僅次於日本，出版單位最多的國家。單這些出版單位的存在，其實皆有待進一步證實其真偽。但台灣對於出版自由的實踐，事實上也體現在每年近四萬筆的國際書碼申請上，出版自由亦是著作人格權的延伸，著作財產權的保障。

（四）出版社型態的分野

根據資深出版人林文欽表示：當下（2019）出版品百分之九十初印量都只以500本起算，其他百分之十又以一千本的印量占印書比例的百分之八十，相對於過去（網路興起前）基本印量的三千本，實在有段差距。[6]基本印量極大中

[5] 著作權法引自「全國法規資料網」修正日期版本：民國105年11月30日 https://law.moj.gov.tw/LawClass/LawAll.aspx?pcode=J0070017

[6] 2019年12月21日前衛出版社社長於桃園市文化局5樓新書發表會時，筆者口訪之文字記錄，將收錄於2021年2月五南出版社《編輯出版實務》（陳謙著）出版人專業訪談之附錄部分。

的極小化，成為台灣出版集團組職的經營現實。在台灣沒有像中國一棟樓就是一家出版集團的概念，中國的出版集團涵蓋編輯、印刷、發行三項基本出版項目。編輯部是核心，印刷發行假他人之手，在台灣已是常態。專業出版與獨立出版社大都是十人以下的小型出版社，專業出版往往專攻學習客層，如語文學習、技能學習等專項，前者如書林出版、寂天文化、文鶴等出版社，後者如全華、攝影家、藝術圖書、農學社等。專業出版社選題較為集中而單一，有時因為出版規模擴大想到的常是另立品牌，而不是在本業上組織規模的延伸。

台灣集團化的出版集團的特殊的現象，那就是看似十幾二十幾家的出版單位，實際每單位的人事規模都只在五人以下。因此在集團內部，往往成立一組行銷部門推廣新書活動，又成立一家專門經銷集團內部書籍的總經銷，往往也作為集團對外的稱呼。他們獨立於出版部門之外，與出版社平起平坐，卻不見業績壓力，久而久之出版部門自行找來企劃編輯籌辦活動，不外網銷、新書發表等活動。老闆也喜見人事開銷的節約，遇缺不補，很快的行銷部被弱化，又回到編輯與發行兩單位的互相溝通。

如果我們以每二年來檢視那些集團內部的出版社，會發現約略三分之一的單位留下，三分之一的單位被除名，另外還有三分之一的出版單位在集團內全新開辦。這種以利潤中心制的出版單位有一定的資本額，該單位專業經理人也身兼總編輯，並對自己部門負責，方法常見專業經理人也要入股，投入自己一部分的資金，並扮演掮客對外尋找新股東。當然控股集團會評估其發展潛力，是要抽資金還是斷其金援往往都在第二年結束時發生。當然有些文學出版社不敵商業出版，多在該集團內認賠殺出，成為曇花一現的文學出版社。[7]

有趣的是在台灣，出版編輯人員薪資雖不豐厚，根據2017年台灣出版產業調查報告指出，[8]新進編輯人員薪資為新台幣27435，五年以上資歷者35617，調查如此，且大致符合出版薪資5432的規律。[9]但不論如何出版這項人文意涵的象徵，最古老的文化創意產業，自然有其魅力吸引就職時的選項。

（五）課堂實踐與成效

就決策機制而言，台灣出版企劃的觀念自戰後可分成三個階段[10]、四種類型[11]，對照平面傳播來看，似乎在「出版者為中心」的地方停留，也有其環境受限及資金不足的現實。際此，課堂實踐中，亦首重編輯企劃，因為出版的印刷及發行實為另二項專業領域，雖筆者在課堂綱要上有所安排[12]，

---

7 陳謙：〈洛陽紙貴的變貌：當代文學事業的挑戰〉，《台灣文學館通訊》63期（2019年6月），頁6-10。

8 《106年台灣出版產業調查報告》，https://www.moc.gov.tw/downloadfilelist_341_266_1.html

9 請參見本文文末「附錄二　編輯職能與薪資結構」。

10 丁希如認為，自戰後至今可依企劃編輯觀念的不同，共分為以書稿來源為中心、以出版者為中心、以市場為中心三個階段。

11 吳適意將編輯決策風格區分為「分析型」、「概念型」、「行為型」與「主導型」四種。

12 「出版學」課程大綱：授課教師陳文成
出處：國立台北教育大學「教務學務師培系統」公開查詢欄位
https://apstu.ntue.edu.tw/Secure/default.aspx（上網日期2019/12/22）
課程綱要:（含每週授課進度）
第一週　課程內容簡介、出版概況介紹
第二週　出版與文明演進、社會文化的關係

但援引台灣以編輯創意為中心的角度，仍以成品實務編寫製作為導向，製作前簡介雜誌在出版位置以及特性，進而實際進行封面故事選題、開本選擇、印刷企劃、落版規劃、採訪企劃、甘特圖擬定，SWOT分析、消費者市場調查等實務作業，過程與業界無縫接軌，實際在做中學習一本刊物如何誕生。編輯企劃的重要性，主要是要在編輯刊物之前：

> 必須擬有編輯政策與編輯計畫，即所謂企劃。編輯政策是理想的原則化，編輯計畫是政策的具現化。理想與政策構成編輯指導的一面；而集稿、選圖、劃樣、付排、校對、印製、裝訂，則構成編輯的執行或技術的一面。缺乏指導，易流於盲目工作，缺少執行，則淪為空想作夢。故有整體周密的企劃，方不致使刊物毫無保留價值，形同廢紙。而決定編輯政策，左右編

第三週　台灣出版簡史
第四週　世界出版簡史
第五週　台灣出版市場現況
第六週　中國大陸出版市場、華文出版市場現況
第七週　出版社的組織與結構：集團化的出版事業與小出版社
第八週　出版社的經營與管理
第九週　出版企劃：專題企劃與出版方向訂定
第十週　著作權法與版權交易：如何與作者簽訂合約
第十一週　編輯能力養成：資料的選編原則、改寫、審稿、下標題、校對。
第十二週　編輯能力養成：版面設計、構成、圖片選用。
第十三週　出版社與印刷廠：印刷概論與流程說明
第十四週　電子、多媒體、數位出版之流程與市場概況
第十五週　出版社與經銷商：如何與中盤商談代理、出版品、發行與經銷通路概況
第十六週　出版社與書店：出版品、發行與經銷通路概況
第十七週　出版行銷與銷售：書展、行銷企劃、廣告媒體策略運用
第十八週　期末報告

輯計畫的，正是創立人的理想，此理想乃是指導整份刊物的總原則。[13]

況且須文蔚曾指出刊物企劃編輯的類型，計有：

1.專題編輯企劃
2.出版與跨媒體整合企劃
3.活動與事件企劃
4.媒體公關企劃

以上這四個類項，可以概括選題策略的相關發展，我們也引導同學就這個框架出發，其中尤以「專題編輯企劃」為發展核心，整體展現其個別意識型態與刊物製作美學。藉以「專題編輯企劃除了將構思具體化成種種步驟外，更有提升內容深度，與切合讀者需要，引起讀者興趣，並塑造刊物風格的用處」。[14]

而專題編輯企劃的練習，有賴科技進步之賜，坊間有一種印刷型態，相對於油墨的平版印刷，因為印刷數量經市場評估後低於三百本，出版社選擇退到經銷角色而讓著作人自負盈虧，一種POD（Print on demand）的印刷方式因應而生。這種簡稱為「隨選列印」的印刷模式，通俗一點的說法就是我們常見的「影印」，但加上封面的裝訂與膜面的加工，成為最陽春最基本的書籍。這種最早產生於公務機構結

13 羅莉玲編著：《編輯事典》（台北：大村，1994），頁41。
14 須文蔚：〈台灣文學同仁刊物編輯企劃與公關活動之研究〉，《創世紀詩刊》140、141合期（2004年10月），頁129-146。

案或因應學生學位論文少量印刷的印件浮上檯面，最早的機器猶如傳統四色印刷機大小，佔空間且機器成本高，二十多年發展下來，機器縮小，成本急降，目前就連一般學校周邊影印店都有能力購買，一些原本作海報、名片、DM的小廠商也加入市場搶食，對使用人越趨便利，也造就學生練習上的便利。

筆者所在學校雖有通識中心配課相關綱領，就上下學期的「閱讀與寫作」而言，希望教師們上學期注重閱讀與寫作，下學期注重文學應用，但由於師資專長多數無法搭配，下學期文學應用只流於形式，多數師長們重閱讀輕寫作已然與課程設定比例脫鉤，文學應用更避諱不談[15]，以致多數學生認為這門課是「高四國文」，成為高中國文課程的延伸，沉痾已久難挽頹勢。相對於自己在應用文課程地圖上的實踐，自然以自身專長投入教學，就通識中心部分，自2013年迄今，學生成果（作品集）每學期（年）每班約產製50冊[16]，透過實務製作，希冀同學做中學，更希望一年級課程完成後，日後可自主性銜接。以2019年文化創意產業學系為例，同學5人組成團隊參與學校深耕計畫並發佈成果展，

[15] 2013-2014筆者兼任通識中心行政，處理教材編輯出版、課程綱要領域劃分與改革工作相關工作，最後教材部分計有2016五南版《閱讀與寫作》（與方群、王鳳珠、夏春梅合編）；2017五南版《現代詩讀本》（與顧蕙倩合編）；2018五南版《當代極短篇選讀》（與古嘉合編）；2019五南版《當代散文選讀》的編選（與向鴻全合編）；以及筆者專書《故事行銷：劇本企劃寫作實務》（2017小雅文創版）；《編輯出版實務》預計2021年2月出版。另因應系所評鑑創刊《北教大通識學報》（2014年9月）只出刊一期，因為評鑑通過而停刊。

[16] 每組6人為限，每班約45人，每班約7組，每學期8個班級，每一學期（年）約50本。

完成線膠裝月曆書《秧菜誌》[17]之印刷物，以及語創系陳至柔、潘韻婷同學2020年發刊《微誌》[18]之雜誌書（Mook），皆可視為後續發展成果，並加以支持與期待。

三、結論

本文以「如何創新？怎樣改革？」入題，大學是銜接社會最重要的一個結點，當今社會急需人才培育的需求，傳統通識「大一國文」課程改革呼聲不小，通識「國文」課程改革目前已是一致的目標，包括縮減學分從每學年六學分減少到四學分，但重點改革方向是要將一般大眾認為形而上無用的思想，轉換成眼見為憑有用的文學應用，於是很多學校直接藉由課程委員會修訂學分配置，上學期注重閱讀寫作練習，下學期直接以「應用文」或「實用中文」為課程名稱，各校順應時代需求立意雖好，但實際執行上，有著顯著難度，實施上困難重重。

本文亦以台北教育大學語創系及通識中心授課實務進行分析整理，並分享課程綱要與實施方式，希望能夠提供更多語文學門與通識或共同中心若干應用文之編輯出版課程相關訊息，期能達成校際交流，共同借鏡之目的。

少子化來臨的新世紀，學校法人及教師即將面臨學生就業壓力環境下衍生而出的課程改革討論，然而大部分仍流於形式上的研議而已，高教端一向自恃甚高，不願曲從技職體

[17] 「秧菜誌」取名自閩南語諧音「撒下菜籽」。我們邀請年輕人加入小菜籽的行列，透過手札型週曆，日積月累、潛移默化的認識臺灣菜農的日常生活。

[18] https://www.facebook.com/%E5%BE%AE%E8%AA%8C-103127681341325

系以「有用」為教學變通之道，注重形而上精神性的結果，就是私校中文系、歷史系、哲學系這些倚重人文的學門逐一關門，試問：佛光山系統大學用信眾的錢減免學生一半的學雜費撐持起前列的系所，不知還可再抵擋下一波的少子化攻勢？佛曰：不可說，不可說，是嗎？用學生的前途換得教師自己的安逸，如何心安理得。

附錄一　台北教育大學語文與創作學系出版學與編輯學開課一覽表

編輯學	2	編輯學入門介紹 報刊之編輯入門	選修	96學期（上）	施沛琳
出版學	2	圖書之企畫 圖書之編輯	選修	96學期（上）	陳俊榮 （專任）
出版學	2	圖書之企畫 圖書之編輯	選修	97學期（下）	陳俊榮 （專任）
編輯學	2	編輯學入門介紹 報刊之編輯入門	選修	98學期（上）	施沛琳
編輯學	2	編輯學入門介紹 報刊之編輯入門	選修	100學期（上）	陳萬達
出版學	2	圖書之企畫 圖書之編輯	選修	99學期（上） 100學期（下）	陳俊榮 （專任）
編輯學	2	編輯學入門介紹 報刊之編輯入門	選修	101上	陳萬達
出版學	2	圖書之企畫 圖書之編輯	選修	101上	楊宗翰
編輯學	2	編輯學入門介紹 報刊之編輯入門	選修	101下	陳萬達
出版學	2	圖書之企畫 圖書之編輯	選修	101下	楊宗翰
出版學	2	圖書之企畫 圖書之編輯	選修	103上	陳文成 （專任）
編輯學	2	編輯學入門介紹 報刊之編輯入門	選修	105下	陳萬達
出版學	2	圖書之企畫 圖書之編輯	選修	105上 106下	陳穎青
出版學	2	圖書之企畫 圖書之編輯	選修	107下	胡金倫
出版學	2	圖書之企畫 圖書之編輯	選修	108上	林以德

製表：陳明真（北教大語創系助教）

2019/11/21

附錄二　編輯職能與薪資結構

薪資常見所謂的：五四三二，也就是說除卻發行人、社長薪資為業界黑數之外，大致尚稱透明。出版業固然是商業機構（少部分是NPO），所以除了營利以外，多少帶有理想色彩。當然也有少部分是純粹營利考量，但畢竟有文化的外衣上身，形象總是一種尚稱完善的包裝。台灣十年來處於低薪狀態是事實，中小企業主一般就算利潤豐盈也絕對不易掏出口袋與員工共享亦是事實，因此有制度的出版公司成為求職者心嚮往之的選項，照著制度走雖仍有不少內定的私人情感考慮，但基本型式上已看似公平。出版工作也雷同於其他工作，因與主管不合者而離職佔三分之二強，無奈這又是中小企業特有的宿命，這其間以下表之一集主管或主要投資者為主要對象。就資方而言，永遠自我感覺良好，筆者遭遇過的資方多數為此種類型，所以觀察一家出版社的人員流動情況，永遠是最客觀的統計數字，若一家以部門各自為利潤中心制的出版小單位來看（通常發生在出版集團），若出版部門換血的速度每年皆小於二年，可以知道這集團本身也可能有管理上的問題。在國外出版的百年老店比比皆是，在台灣卻是八成出版社都會在二年內結束營業，情況可想而知。根據行政院主計處數據顯示，2018年中位數實質經常性薪資為台幣38179元，這個薪資等地相當於下列表單中的資深編輯，只差一步就再躍昇為主編。但主編以上佔比約占業界人數三成，因此可知出版業七成以下都在這個水準之下，所以出版業收入並不豐裕。但出版編輯其實也是跨域進入各種行業的最佳跳板，因為在型式近似的生產作業下，內容各有不同，因此這行業的迷人之處，經常也在於可面對不同選題與不同挑戰。常有人問到編輯人的特質為何？那是就開創議題，將其規劃為讀本，也因此必需具備該書系領域的專業知識與若干技能，此部分容專章時再行說明。但出版人最需時時提醒自己的工作心態，其實就是檢核確認再三，錯誤一定會有，但不可把錯誤當藉口，該在錯誤中穩健學習，才足以成就自己出版工作者的夢想。

下表（台灣編輯出版從業人員薪資水平略表）僅供求職新鮮人參照，作為入行的數據資訊：

	職級	薪資水準	工作職掌
管理人（一級主管／投資人）	發行人／社長／總經理	不透明 據聞月入10-20萬者僅20%	風險控管／尋找專業經理人／財務
經理人（二級或部門主管）	總編輯 副總編輯 執行副總編輯 經理 副理	40000-60000	選題策劃
（三級主管）	執行主編 企劃主編 美術主編	30000-40000	資深另加年資／升遷不易，有時公司另組單位供其擔任經理人
實務執行者	執行編輯	28000-30000	
助理實習生	編輯助理	24000-28000	
其他／含外包之權宜雇用	校對 印務 財務會計	除財會外，多為權宜雇用者，論件計酬多	

※資料來源：筆者自行整理（2019/01/10），將收錄於五南文化2021年2月《出版編輯實務》一書。

民辦書目性期刊的觀察
——以《書目季刊》為例

陳仕華
淡江大學中文系榮譽教授

人類之文明存藏於書籍，而書目即為人類知識與學術文化之總帳冊。書目為因應各種不同之需求，可繁可簡，但能得其門徑者，一則能藉整體之瞭解而深入採摘，開創新局。一則更可免於面對茫無涯涘的資料而徒勞無功。書目既如此重要，指引書目資訊之期刊便應運而生。自清末起，若干期刊如商務印書館之《東方雜誌》，其後即附有新書評介，但真正屬於專業性之書目雜誌，則為民國以後之事。最早為商務印書館出版之《出版周刊》，具備讀書指導、書評、讀物介紹、印刷常識、世界名著解題、讀書隨筆等，反映了當時出版業之蓬勃發展與認識西方世界之迫切感。繼之者有：《出版月刊》、《中國新書月報》、《圖書通訊》等刊物。抗戰期間則有：《圖書月刊》、《圖書通訊》等，以報導出版訊息及書評書介。民國三十八年國府播遷來台後，第一份書目專業雜誌即為《書目季刊》，該刊稿約有「以服務學術界，闡發圖書文獻學，提供學術資料為宗旨。舉凡目錄學、版本學、文獻學、圖書館學、校勘學、書評及其他文學、史學、哲學等論著，皆所歡迎。」可見其編刊旨趣。其歷任主編如屈萬里、方豪、羅聯添、劉兆祐、龔鵬程諸先生或精心安排專欄，或強化學術品質，使《季刊》臻於至善。隨後則有《書評書目》、《出版家雜誌》、《新書月刊》等陸續面世。可見《書目季刊》在書目性期刊承先啟後之地位。也因此於79、82、83、84年度榮獲教育部頒發「全國優良期刊獎」，李豐楙教授主持之「國內中國文學相關期刊排序報告」中，名列綜合排序第五名。

《書目季刊》自創刊以來，至今凡五十三卷，本文擬以五十卷為度，分析討論如下：

一、內容觀察

五十卷共刊載2296篇，若將互著兩處者計入，則有2599篇，每類篇目略依中國圖書分類法列表於下：

類別	子目	篇數	總篇數
圖書目錄學	圖書學	301	988
	目錄與目錄學	594	
	讀書治學	26	
	索引法索引	14	
	漢學研究	28	
	圖書館博物館學	25	
經學		149	149
哲學		161	161
宗教		31	31
自然應用科學		8	8

類別	子目	篇數	總篇數
社會科學		22	22
史地	歷史學	201	511
	地理學	62	
	傳記	248	
語言文學	語言文字	87	685
	文學	591	
	新聞學	7	
藝術		23	23
雜文		21	21
總計			2599

由上述可分析如下：

（一）圖書目錄學類占比例38%；語言文學類次之，佔26.3%；又次之為史地類佔19.7%；此與前所揭示之刊登旨趣相符。

（二）圖書目錄學所佔比例甚大，其中圖書學有301篇，佔11.6%；目錄學594篇，佔22.9%；所論述多為古典文獻範疇，乃因與當時中央圖書館關係密切，以古典圖書文獻學為主要議題。

（三）叢書類書類有關四庫學之論述有49篇，且在文淵閣四庫全書影印（七十七年）以後篇數更多，顯見圖書出版與學術論述之關聯性。

刊行目錄、學科目錄、著作目錄：刊行目錄最多，因其中包含出版簡目。而學科目錄與著作目錄針對專門的學科與個人著述，參考作用最大。學科目錄96篇，《書目季刊》重視整體性之學科目錄。對學術專題之研究，如〈中國男性史研究論著目錄〉（48：3）、〈近六十年來文獻學研究書目解題〉（27：1）、〈日本墨子論文知見目錄〉（02：2）。也有對專人研究的著作目錄共收129篇，如〈屈萬里先生著述年表〉（18：4）、〈連雅堂先生研究文獻目錄〉（31：3）〈顧亭林著述考〉（21：1），古今人物兼具。體例上先為該學人作一簡要履歷，後更詳列研究成果，藉是瞭解其研究所長、研究方法，而其人學術可窺，俾後學者景從。亦可藉此觀察學術之流變，於學術發展甚有助益。

（四）文學類有591篇，其中論述各體文學者有303篇，而討論小說有118篇，小說中研究明清小說最多，共72篇。其中《金瓶梅》19篇，《西遊記》12篇，《紅樓夢》7篇，或可顯現研究中國古典文學之風向。

（五）傳記類民國人物之論述佔史地類幾近半數，如碩學大儒方豪、顧廷龍，古籍修復專家林茂生先生等。古人重視知人論世，《書目季刊》可供史家採擷者甚多。

（六）序跋與書評書介：周中孚鄭堂讀書記序云：「世之學者，不得見其書而讀其序，因此見其所以為書之大意，庶以廣其聞見，而不安於孤陋也。」序跋功用在敘述著書之緣起、全書宗旨、評論得失等，可見序跋在揭示文獻上的重要作用，與書評書介有同等之地位。《書目季刊》收序跋與書評書介共有326篇，於文獻揭示上有重大貢獻。其後，多種雜誌如：《書評書目》，其創刊宗旨，即以三分之二的篇幅刊登書評。嗣後，《文訊》創刊時，亦有〈書評書介〉專欄，雖經改版，仍一直延續至今。《全國新書資訊月刊》至2015年前，所刊載之書評書介篇數幾達千篇。對出版史、文學史、學術史的研究，是極佳的資料庫。

（七）若以論述主題的朝代來論，刪去通代、專欄等條目，可列表如下：

朝代	先秦	兩漢	魏晉	隋唐	宋元	明	清	現代	總計
篇數	152	85	65	104	409	148	196	220	1379
百分比	11%	6.2%	4.8%	7.6%	29.6%	10.7%	14.2%	15.9%	

所論述主題以宋元為最多，魏晉最少。若以隋唐以後合計，則佔百分之七十以上，或可推論60年代的文史哲研究，偏向於隋唐以後。如以現代部分來看，其中現代文學只有17篇，篇數偏低。也可見《書目季刊》為「古典」服務的屬性。

（八）《書目季刊》自創刊伊始，在專欄上頗具用心，開設有：〈全國出版界最新出版圖書簡目〉、〈最新學報及研究所集刊文史哲論文要目索引〉、〈國內各雜誌文史哲要目索引〉，於出版消息與文史哲論文的檢索，給予讀者極大的便利。且其專欄深具延續性，如報導全國出版消息的〈新書簡目〉，雖然專欄名稱變動，但自1966年9月至1987年3月，從未間斷。又如〈新書提要〉，從1982年6月至1997年3月後，更擴大至海峽兩岸的文史哲新書，延綿至今。兩項專欄皆已二十餘年。

《書目季刊》開設專欄大致可分為四類別：（一）出版（二）書介（三）著作目錄（四）索引。其專欄名稱、起迄時間、編者，見下表：

	專欄名稱	起	迄	編者	備註
出版	全國出版界最新出版圖書簡目	1:1 1966.9	10:2 1976.9	編輯部	
	中華民國出版新書簡目	10:3 1976.12	23:1 1989.6	林岫芸、汪慶蘇、張復	
	近三個月文史哲新著簡明選目	31:2 1997.9	32:2 1998.9	游均晶	
書介	新出版中文參考書選介	11:1 1977.6	12:1 1978.6	薛茂松	
	新書提要	16:1 1982.6	30:4 1997.3	林慶彰 黃文吉 陳仕華	
	書評摘要	21:1 1987.6	21:4 1988.3	薛茂松	
	中華民國文史哲博碩士論文提要	25:2 1991.9	26:1 1992.6	編輯部	
	海峽兩岸文史哲學術著作新書提要	31:1 1997.6	50:4 2017.3	陳仕華	
著作目錄	中華民國文史界學人著作目錄	6:1 1971.9	16:2 1982.9	劉德漢	
	當代漢學家著作目錄	16:3 1982.12	20:4 1987.3	編輯部	
	當代漢學界學人著作目錄	25:2 1991.9	25:3 1991.12	編輯部	
索引	最新學報及研究所集刊文史哲論文要目索引	1:1 1966.9	2:4 1968.6	編輯部	
	國內各雜誌文史哲論文要目索引	1:1 1966.9	3:3 1969.3	編輯部	
	最新出版期刊文史哲論文要目索引	3:4 1969.6	20:4 1987.3	張錦郎、晞林	
	書評索引	16:1 1982.6	20:4 1987.3	國林、簡映	
	書評索引	22:1 1988.6	25:1 1991.6	黃明霞	

新書的出版，除各出版社做廣告外，從未有雜誌進行整合性的報導。書介專欄在當時的社會給予愛書人極大助益。且書籍出版汗牛充棟，需藉書評書介以便於採檢。有關「新書提要」專欄部分，新書之訊息固以新書簡目傳達，但其書內容為何？得失如何？則提要體裁最能表現此項功能。提要之撰寫需包含介紹作者、內容大旨、批評優劣得失供讀者參考。此類專欄，便適時而生。國立中央圖書館館刊於民國56年7月在台復刊時，即設有〈新書提要〉專欄，但至新十七卷二期（1984年12月）取消。而《書目季刊》在1982年6月即開設〈新書提要〉專欄，至1997年6月更因應海峽兩岸學術交流，擴大其篇幅，邀請北京清華圖書館研究員劉薔教授共同設立〈海峽兩岸文史哲學術著作新書提要〉專欄迄今。此提要體裁再擴及於博碩士論文提要，以知學術趨向，方便學子論文選題。

索引類型能便於檢索資料，而雜誌期刊之文章，若能編製索引，分門別類，一引即得，效用便更宏大。

《書目季刊》亦常留意其他期刊中同性質的專欄，為免人力重複，便會因應而隨之調整，如中央圖書館《全國新書資訊月刊》所編〈中華民國出版目錄〉、漢學研究資料服務中心所編《漢學研究通訊》內有〈新近出版論文集彙目〉與〈期刊學術論文選目〉等，則《書目季刊》有關〈新書簡目〉、〈期刊論文要目索引〉即予取消。書評具體而言對作品有指正、鼓勵、引導、提升學術等功能，對作者、讀者、學術界皆有助益，如能為之編製索引，傳播流通更為方便。1972年9月《書評書目》創刊，次年10月設立〈批評索引〉，其中79至82期索引闕如，經讀者積極爭取後復設，此專欄直至99期（1981年9月）為止（該刊100期宣布結束）。《書目季刊》在16卷1期（1982年6月）設立〈書評索引〉專欄，除其中有四期中斷，一直持續到25卷1期（1991年6月）為止。

二、作者觀察

（一）《書目季刊》五十卷之總篇數為2296篇，有些作者刊載兩篇以上，而專欄作者亦有重複，去其重複，則作者共計874人，其中台灣學者630人，佔72.1%；大陸學者199人，佔22.8%；海外學者45人，佔5.1%。大陸學者幾近四分之一。第一位刊載文章的大陸學者為趙承中先生，當時為江蘇省社科院研究員，文章發表於23卷3期（1989年12月）。台灣於1987年解嚴，大陸學者之稿件逐漸增多，知名學者如傅璇琮、沈津皆發表超過五篇以上。尤其是2000年以後，大陸學者之文章幾乎無卷無之，可見《書目季刊》自解嚴後，已逐漸成為兩岸學術交流之橋梁。也可見出大陸學者對《書目季刊》的重視。

（二）一本期刊是否受社會重視，或可藉由作者聲望及刊載之重複度觀察。以《書目季刊》而論，刊登十篇以上之作者有二十位，五篇以上則有三十四位。且其中不乏碩學大儒，如屈萬里、錢穆、昌彼得、鄭騫、劉述先、蔡仁厚等先生，足見《書目季刊》歷史之輝煌。而有些學者自年輕時便支持《書目季刊》，並與之共同成長，而自成一家，如劉兆祐、程元敏、林慶彰、王國良、龔鵬程等，均在此學術園地經營並開花結果。為支持鼓勵年輕學子，《書目季刊》的研究生文章越來越多，展現另一種風貌。

三、結論

（一）《書目季刊》為民辦書目性雜誌，小眾學術性期刊，能延續五十三年，至屬難得。除依賴學生書局獨資維持外，亦恃學者的愛護與支持。但因社會變化，學術單位各自出版期刊，且為能維持篇幅，對所屬成員給予誘導性投稿，或記點數，或予獎勵，以致影響《書目季刊》之稿源。又因各種數據庫之發展，也使《書目季刊》有關之專欄面臨挑戰。而文史哲之學術出版社也面臨市場的萎縮，致使《季刊》資金益顯困窘。

（二）《書目季刊》的稿源多論述與圖書文獻學有關者，其專欄之設立亦依循與此性質相關者。而《書目季刊》總能因應社會各種刊行雜誌的變化，做出反應，以避免資訊重複，浪費社會資源。如有關設立出版訊息專欄之變化尤其明顯。

（三）《書目季刊》是偏重學術之期刊，容易與學報相比擬。學報以學術論述為主，對書籍訊息之專欄，以及整理性的文獻資料，如專題論著目錄、學人著述目錄、蒐輯佚文等付之闕如，兩者性質固有所不同。近年來科技部編制學術核心期刊，其評比角度每以學報性質為準，無形中貶抑學術期刊，從整體學術而言是一大缺憾。《書目季刊》在刊登學術論文時雖可要求格式之形式規範：如每篇論文需附提要、關鍵詞、註釋等。但還是要堅持刊登上述學報所忽略之文章，以避免「期刊學報化」。

（四）《季刊》曾三度舉辦學術座談：「書目性雜誌之回顧與展望」、「當前古典小說研究趨勢」、「域外漢文學的出版與研究」，提供學術界對專門的領域對話之機會。但《季刊》鑑於國內學術研討會日益增多，以及取得經費困難，而難以為繼。日後宜多刊登會場側記等性質的文字，以服務學術界。

（五）鑑於兩岸學術出版品日益增多，而各大購書網站只刊載極簡單之「書訊廣告」簡介，無法對書籍撰寫有品質之提要，《季刊》宜擴大採擇書籍，增加新書提要的篇幅，做為全球華人新書提要之總彙，以因應學術界之需求。

論台灣當代文學之「詩人編輯家」

楊宗翰

淡江大學中文系副教授

一、

編輯這項工作在簡牘時代即已存在。「編」字的本義即編聯竹簡，許慎《說文解字》云「編，次簡也」，次就是按順序排列，編起來的竹簡便稱「冊」。至於「輯」在《漢書・藝文志》釋為「集也，聚也」，編輯的工作範圍就是蒐集材料，編聯成書。[1]但「編輯」被視為「學」或與「學」連用，卻很晚才出現在中文世界。1956年中國人民大學出版社從俄文書籍中，翻譯出版了一部《書刊編輯學教學大綱》；但原書名俄文應指「編輯」、「編輯工作」，並不包含「學」的意思，故理當譯為《書刊編輯課教學大綱》。[2]一直要到一九八〇年代初，兩岸三地才真正開始提倡與推展「編輯學」及其相關研究，如台灣商務印書館出版張覺明《現代雜誌編輯學》（1980）、香港海天書樓出版余也魯

---

1 邵益文，《編輯學研究在中國》（武漢：湖北教育出版社，1992），頁1。

2 原書名裡俄文kypc意指「課程」而非「學」，顯然翻譯並不準確。見林穗芳，《中外編輯出版研究》（武漢：華中師範大學出版社，1998），頁1。

《報紙編輯學》（1980），以及中國人民大學出版社印行由鄭興東等編《報紙編輯學》（1982）。[3]中國出版工作者協會於1983年召開首屆出版研究年會（廣西陽朔年會），同年武漢大學也在中國教育部和新華書店總店支持下，創辦了圖書發行專業。[4]此後北京大學、清華大學、南開大學、復旦大學皆陸續設立編輯專業。1985年2月《編輯之友》創刊，6月成立了上海市編輯學會（同時創辦會刊《編輯學刊》）與設置中國出版發行科學研究所（7月創辦《出版與發行》），以專業單位及專業期刊來完備一門學科的建設。

「編輯學」本來就是一門專業，當然必須從專業的角度來進行研究與教育。台灣的出版編輯相關系所，過去慣稱「北世新、南南華」，兩校分別設有圖文傳播暨數位出版學系及出版學研究所。1969年世新成立「印刷攝影科」，幾經變革後，於2004年為整合原有之印刷攝影專業及融入數位出版課程，方更名為「圖文傳播暨數位出版學系」。南華大學則位居嘉義大林，自1997年開設出版學研究所，2003年改名為出版事業管理研究所。2012年該所併入文化創意事業管理學系為碩士班，自此出版幾近名存實亡。今日無論是北世新還是南南華，出版編輯都不再是發展重點，當然無法精進

[3] 同註1，頁92-93。原文中錯漏處，現已代為補正。

[4] 中國最初的編輯學專業多設置於中文系，依託漢語言文學來培養編輯。至1983年武漢大學才依託圖書館學，創辦了中國第一個以培養發行人才為主的高等教育專業（圖書發行專業）。後來武漢大學將「出版發行學」專業（原隸屬圖書情報學院）與「編輯學」專業（原隸屬文學院）合併，改稱為「編輯出版」專業（隸屬傳播與資訊學院，後更名資訊管理學院）。1999年中國教育部頒布，二十多所設有出版類專業的高校，不再按原來各校分別設置的編輯學、出版發行學、出版管理等專業招生，統一改按「編輯出版」專業招收99級新生。

「編輯學」的建設或深度探索「編輯」的角色。[5]相較於過往把其安置在傳播學門或管理學門，筆者認為編輯學專業應回歸文學學門，開展「文藝編輯學」或「文學出版編輯」之研究。進一步說，當出版編輯與台灣文學兩者並置，吾人便可叩問：文學編輯如何介入、推動甚至改變台灣文學？若不依循作家創作或讀者接受等常見路徑，而改由從文學編輯角度出發，可以對台灣當代文學史產生怎麼樣的嶄新理解？倘若專以兼具文學作家與出版編輯兩種身分者為探討對象，能否建立起一部跟坊間著作迥然有別的台灣文學史？質言之，當吾人肯定文學編輯既能夠、也足以影響文學史發展時，即代表應當思忖「以文學編輯為中心的台灣文學史研究」了。

在文學學門中，兒童文學研究界較早意識到應該關注「編輯角色」議題。從學位論文來看，蔡佩玲《臺灣地區童書出版社總編輯職業角色之研究》（2000）與王蕙瑄《2000年以來台灣童書出版概況與童書編輯角色定位》（2007），分別以童書總編輯與一般童書編輯為研究對象，或從階層、人口背景、專業意理、角色行為、角色期望加以考察，或探討其如何扮演「作品催生者」、「流程控管者」、「緩衝架橋者」的多重角色。[6]這類研究多以自編問卷、分析訪談、

[5] 筆者認為，編輯掌握著出版品的命脈，位置如同科技業的研發設計工程師（Research and Development engineer），能夠打造出可以獲利的產品。在整個出版環節中，編輯更扮演著協調者（coordinator）的角色，從企劃發想到出版發行，皆用得上編輯的執行、調和與控管能力。

[6] 蔡佩玲，《臺灣地區童書出版社總編輯職業角色之研究》（台東：國立台東師範學院兒童文學研究所碩士論文，2000），指導教授：林文寶、黃毅志、張子樟。王蕙瑄，《2000年以來台灣童書出版概況與童書編輯角色定位》（台東：國立台東大學兒童文學研究所碩士論文， 2007），指導教授：林文寶。蔡佩玲研究結果顯示，童書出版社總編輯大多為女性，本省籍、結婚育有子女，平均年齡為45.72歲，教育程度以大學及研究所居多，主修科目

產業調查報告為依據，檢視「童書編輯」的性別、省籍、教育程度等背景，進而判斷其所能扮演的角色與定位。至於針對「文學編輯」的角色探討，則出現在南華大學出版學研究所碩士論文中，可以吳佩娟《台灣的文學編輯與作者之互動關係研究》（2002）與陳文成《解嚴後詩刊選題策略之研究（1987-2004）》（2005）為代表。[7]吳佩娟此篇以訪談法與詮釋法，探討文學編輯與作者的互動經驗，力圖呈現作家與「出版守門人」編輯在當代台灣文化生產場域（field of cultural production）中的位置。她在2002年1月到4月間以作者與編輯間的互動等問題，個別訪談了隱地、林則良、林明謙、初安民、莊培園與蔡詩萍。六人中唯有隱地同時是作家與編輯（曾經是作家、現在是編輯者為初安民；莊培園一直是編輯，林則良、林明謙、蔡詩萍則為作家），可惜她並未從此一複合身分切入，終於還是把「作家」與「編輯」視為遙相對望之兩端，分析兩者在文化生產場域各自的處境和發展。陳文成（詩人陳謙）則將檢視之文學出版類別，縮小至台灣解嚴後的現代詩刊。隨著價值多元、網路媒體興盛，詩人加入詩社或創辦詩刊的風潮不再，解嚴後所創辦的詩刊屈指可數。透過對十位詩刊編輯訪談及資料研讀分析後，他指出：「解嚴後詩刊出版之選題決策過程流於單向，編輯權集於主編或總編輯現象過於明顯，編委會效能不彰，新興詩刊

以中文系占多數，且許多人具有教育相關學歷背景。童書總編輯的階層、人口背景與其他媒體的傳播者有所不同，在特性上反而更接近教師。

7 吳佩娟，《台灣的文學編輯與作者之互動關係研究》（嘉義：南華大學出版學研究所，2002），指導教授：齊力。陳文成，《解嚴後詩刊選題策略之研究（1987-2004）》（嘉義：南華大學出版學研究所，2005），指導教授：陳俊榮、應立志。

個人化風格明顯，常落入寡頭與獨佔；三十年以上的詩刊則過於老成，企劃編輯上較無新意，資淺之編輯人員亦常受到意識型態牽動或詩壇倫理影響，多不敢造次。」[8]點出了詩刊編委會集體決策已失效，多由主編（或總編輯）個人獨攬的編輯權轉移現象；唯仍受論題設定所限，並未議及「詩人」與「編輯」之複合身分角色，對刊物編輯帶來的影響——其實詩刊最適合進行此一討論，因為台灣的詩刊編輯全都具有詩人身分，幾無例外。[9]

二、

能將作家跟編輯兩種身分角色連結在一起探討的研究，終究還是出自中文系之手。迄今為止至少收穫了一篇碩士論文（白豐源：《張默編選現代詩之研究》，2013）、一篇博士論文（盧柏儒：《瘂弦編輯行為研究》，2015），且兩位被研究的作家皆為詩人。[10]白豐源以1956年至2011年間張默主編的21部現代詩選為對象，探討張默長期從事之編選工程對現代詩場域的影響，乃至詩選典律對讀者和文學傳播之影

[8] 陳文成，《解嚴後詩刊選題策略之研究（1987-2004）》（嘉義：南華大學出版學研究所，2005），頁114。十位受訪的詩刊主編（或總編輯）為：向明（前藍星詩刊主編）、張信吉（前草原詩社社長兼總編輯）、嚴忠政（前黃河詩刊總編輯）、林盛彬（時任笠詩刊主編）、須文蔚（時任乾坤詩刊總編輯）、吳明興（前葡萄園詩刊主編）、張國治（前新陸現代詩誌主編）、顏艾琳（前薪火詩刊社長兼主編）、方群（前珊瑚礁詩社社長兼主編）、張默（時任創世紀總編輯）。

[9] 譬如《創世紀》雖有學者張漢良加入，但他僅是創世紀詩社一員，從未擔任過刊物主編或總編輯。

[10] 白豐源，《張默編選現代詩之研究》（嘉義：國立嘉義大學中國文學系碩士論文，2013），指導教授：陳政彥。盧柏儒，《瘂弦編輯行為研究》（桃園：國立中央大學中國文學系博士論文，2015），指導教授：李瑞騰。

響。因為其論題鎖定研究現代詩選集，故並未多涉張默所編的文藝刊物（譬如《中華文藝》及《水星》、《創世紀》兩份詩刊）。也因為是2013年就完成的研究，自然無法探討之後才編印的張默晚近作品《水墨無為畫本》、《水墨與詩對酌》。這兩部書的內容都結合了「編選他人詩作」與「編者對應水墨」，張默雖謙稱自己只是「以彩墨為新詩加花邊」，其實從中更可探知詩人編輯如何以畫讀詩、解詩、再創作詩，堪稱是形式特殊，既編又作的另類詩選集。[11]盧柏儒則企圖心更為宏大，欲透過檢視瘂弦在台灣的文學編輯歷程，來凸顯其文學編輯價值。他準確指出：瘂弦屬於戰後渡臺一代，既是一位傳奇詩人，更是一位舉足輕重的編輯家。為整理瘂弦編輯生涯的階段性，他將之分為「文藝創作期、文藝雜誌編輯期與文藝副刊編輯期」，並且表示：

> 瘂弦自1949年來臺後，正恰經歷臺灣50年的歲月，他親身經歷了反共文學、現代文學、鄉土文學、解嚴後的後現代與多元的臺灣文學發展，先是以新詩創作累積了文化資本，成為臺灣經典詩人，更親手規劃了臺灣文學場域中重要的文藝刊物：《幼獅文藝》與《聯副》。除此之外，瘂弦與楊牧、葉步榮沈燕士四人於1976年還成立了洪範出版社……（中略）
>
> 可以發現到，瘂弦從事了所有出版品的主編工作，從同人詩刊、文藝雜誌、報紙副刊到書籍，皆可見其編

[11] 張默，《水墨無為畫本》（台北：創世紀詩社，2015）。張默，《水墨與詩對酌》（台北：九歌出版社有限公司，2016）。「以彩墨為新詩編加花邊」見《水墨無為畫本》，頁6。

輯，他的編輯事務囊括了所有文學出版品；其次，瘂弦編輯跨越了廿世紀50年代以來臺灣所有文學發展的關鍵時期，其所編輯出的內容，深刻影響了臺灣文學場域。[12]

瘂弦的文學編輯生涯從一九五〇年代貫穿至九〇年代，其豐碩編輯成果對應了戰後台灣文學各階段的發展，並讓《創世紀》、《幼獅文藝》、《聯合報》副刊及洪範、幼獅、聯經出版品引領著文風詩潮，允為最具資格、夠代表性的一位「編輯家」。他多次登上台灣「十大詩人」之列，並編輯過現代詩之史料、詩論、年度詩選、《天下詩選》等重要出版品，可謂從創作跟編輯兩端為詩服役。1969年3月，瘂弦繼被譽為「天生的編輯天才，是台灣光復後第一位報刊編輯家」朱橋[13]之後，接手《幼獅文藝》主編一職。主編幼獅讓瘂弦「真正站穩了編輯人的地位」[14]，加上六〇年代他詩名正盛，儼然成為一位重要的「詩人編輯家」。

兼具詩人與編輯身分，其成就又足以成「家」者，理當不只瘂弦一人。在台灣當代文學中，還有多少「詩人編輯

[12] 盧柏儒，《瘂弦編輯行為研究》（桃園：國立中央大學中國文學系博士論文，2015），頁29-30。

[13] 朱橋（1930-1968），本名朱家駿，江蘇鎮江人。他以小說為主要創作文類，歷任宜蘭《青年生活》主編、《幼獅文藝》主編，39歲即英年早逝。「台灣光復後第一位報刊編輯家」是瘂弦對朱橋的稱譽。見瘂弦，〈碧野朱橋幼獅事〉，《文訊》213期（2003年7月），頁109-110。

[14] 盧柏儒指出：「對於瘂弦自身來說，1953年到1966年為止，是其建立詩名的重要歲月。除此之外，瘂弦於1950年代開始的文學編輯，對瘂弦來說，更為他樹立起編輯家與詩評家的身分。這時期的瘂弦一直是詩人與編輯人雙重身分並置。詩人桂冠，前人早已論述累牘，共識已成，至於編輯，一直要到主編幼獅刊物，才真正站穩了編輯人的地位。」同註12，頁66。

家」？他們是如何介入、推動甚至改變台灣文學？若從「詩人編輯家」角度出發，可以對台灣當代文學史產生怎麼樣的嶄新理解？能否藉之建立起一部，跟坊間著作迥然有別的台灣文學史？進一步說，吾人是否能開展出以「詩人編輯家」為中心的台灣文學史研究？

這些問題促使筆者思考，必須先建立起一份「詩人編輯家」名單，才有可能進行更細緻、深化的探討。

三、

能入選此份台灣當代「詩人編輯家」名單者，應兼具詩人與編輯雙重身分，有可觀之詩作成績或文學編輯成果。再以一九六〇世代詩人（出生於1960至1969年間）為收錄下限，曾擔任過重要文學圖書、文學雜誌或報紙副刊（至少一項、不限於詩）之編輯者，列出以下六十家：

編號	姓名	生（卒）年	圖書編輯	雜誌編輯	副刊編輯	備註
1.	覃子豪	1912-1963		新詩周刊、藍星		1951年於《自立晚報》創辦「新詩周刊」，紀弦主編1至26期，覃子豪主編27至94期
2.	紀弦	1913-2013		新詩周刊、詩誌、現代詩		

3.	陳千武	1922-2012	亞洲現代詩集、光復前台灣文學全集（新詩四卷）	笠詩刊		光復前台灣文學全集（新詩四卷）與羊子喬合編
4.	羊令野	1923-1994	詩選集	南北笛、詩隊伍		1956年在嘉義《商工日報》創辦「南北笛」詩刊，57年在《青年戰士報》創辦「詩隊伍」
5.	林亨泰	1924-		笠詩刊		
6.	洛夫	1928-2018	1970詩選、文學大系、詩選集	創世紀		
7.	余光中	1928-2017	文學大系、文學選集	1957年主編《藍星》週刊及《文學雜誌》詩欄；1959年主編《現代文學》及《文星》之詩輯；1974年主編《中外文學》詩專號		
8.	向明	1928-	年度詩選、詩選集	藍星	中華日報	
9.	文曉村	1928-2007		葡萄園		

10.	麥穗	1930-	詩選集	詩歌藝術		
11.	張默	1931-	年度詩選、詩選集	中華文藝、水星、創世紀		
12.	瘂弦	1932-	洪範、幼獅、聯經出版、聯副三十年文學大系、詩學、當代中國新文學大系（詩卷）、天下詩選	幼獅文藝、聯合文學	聯合報	《詩學》由瘂弦、梅新主編
13.	辛鬱	1933-2015	年度詩選、創世紀五十周年精選	創世紀		
14.	梅新	1933-1997	詩學、正中書局	國文天地、聯合文學、現代詩（復刊）	聯合報、臺灣時報、中央日報	《詩學》由瘂弦、梅新主編
15.	郭楓	1933-	新地文學	新地文學月刊、文季文學雙月刊、新地文學雙月刊、新地文學季刊		
16.	趙天儀	1935-2020	詩選集	笠詩刊、台灣文藝		

17.	隱地	1937-	年度小說選、年度散文選、爾雅詩選	新文藝月刊、書評書目		
18.	李魁賢	1937-	年度詩選、詩選集	笠詩刊		
19.	高準	1938-		詩潮		
20.	岩上	1938-2020		詩脈、笠詩刊		
21.	林煥彰	1939-	近三十年新詩書目、中國新詩集編目	乾坤	聯合報	
22.	楊牧	1940-2020	新潮叢書、洪範文學叢書	現代文學第46期「現代詩回顧專號」		1975年參與創辦《文學評論》，替《聯合報》副刊審詩稿
23.	涂靜怡	1941-	主編詩選	秋水		
24.	辛牧	1943-	主編詩選	創世紀		
25.	高信疆	1944-2009	當代中國小說大展	龍族	中國時報	
26.	吳晟	1944-	年度詩選、大家文學選	南風		
27.	李元貞	1946-	詩選集			主編女性詩選
28.	蕭蕭	1947-	年度詩選、年度散文選	台灣詩學		
29.	李敏勇	1947-	主編詩選	笠詩刊		
30.	莫渝	1948-	年度詩選、詩選集	笠詩刊		

31.	蘇紹連	1949-	網路世代詩人選、吹鼓吹詩叢	詩人季刊、吹鼓吹詩論壇（紙本）		2003年起設立並主編「台灣詩學吹鼓吹詩論壇」網站
32.	簡政珍	1950-	當代台灣文學評論大系（文學理論卷）、新世代詩人大系、創世紀四十周年紀念評論卷	創世紀		新世代詩人大系與林燿德合編；創世紀四十周年紀念評論卷與瘂弦合編
33.	郭成義	1950-	年度詩選	笠詩刊、詩人坊		
34.	杜十三	1950-2010	中華書局、文學年鑑	創世紀		
35.	白靈	1951-	年度詩選、詩選集	草根、台灣詩學		
36.	羊子喬	1951-2019	光復前台灣文學全集（新詩四卷）、郭水潭作品集、楊華作品集、塩分地帶文學選			光復前台灣文學全集（新詩四卷）與陳千武合編；塩分地帶文學選與林佛兒、杜文靖合編
37.	李瑞騰	1952-	文學選集	臺灣文學觀察、文訊	商工日報	
38.	陳義芝	1953-	年度詩選、詩選集	詩人季刊、聯合文學	聯合報	

39.	楊澤	1954-	文學選集	中外文學	中國時報	
40.	向陽	1955-	文學選集	笛韻、陽光小集	自立晚報、自立早報	
41.	苦苓	1955-	年度詩選	陽光小集、兩岸		
42.	趙衛民	1955-		藍星詩學	聯合報	
43.	焦桐	1956-	年度詩選、二魚文化	文訊	商工日報、中國時報	
44.	初安民	1957-	聯合文學、印刻	聯合文學、印刻		
45.	林盛彬	1957-		笠詩刊		
46.	路寒袖	1958-	詩選集	漢廣詩刊、鹽分地帶文學	台灣日報	
47.	楊渡	1958-		春風		
48.	吳明興	1958-	昭明出版、知書房、慧明出版	葡萄園		
49.	孟樊	1959-	桂冠、時報、石頭、聯經、揚智出版	臺北評論、當代詩學	中國時報	
50.	江文瑜	1961-	詩選集			主編女性詩選
51.	林燿德	1962-1996	文學大系、詩選集、尚書出版、書林詩叢	臺北評論、臺灣春秋		
52.	陳皓	1962-	詩選集	薪火、野薑花		

53.	楊維晨	1963-		南風、象群、曼陀羅		
54.	鴻鴻	1964-	詩選集	現代詩（復刊）、現在詩、衛生紙		
55.	李進文	1965-	聯合文學、臺灣商務印書館、詩選集	創世紀		
56.	須文蔚	1966-	詩選集	創世紀、乾坤		主編詩路網路詩選
57.	許悔之	1966-	聯合文學、有鹿文化	聯合文學	自由時報	
58.	陳謙	1968-	幼福、華文網、華成、博揚文化、詩選集	當代詩學		
59.	顏艾琳	1968-	聯經出版、詩選集	薪火		
60.	陳大為	1969-	馬華當代詩選、天下散文選、馬華文學批評大系、華文文學百年選			

四、

此處所錄，以曾任重要文學圖書、文學雜誌、報紙副刊（至少一項且不限於詩）之主編或總編輯為主。除了上述職級考量，另囿於出版品性質而排除了諸如《時報周刊》的眾多編輯——商禽、林彧、徐望雲、林婷等不同世代的詩人。此外，因表格篇幅所限，如《六十年代詩選》（大業書店，1961年1月）、《中國現代詩選》（大業書店，1967年2月）、《七十年代詩選》（大業書店，1967年9月）、《八十年代詩選》（濂美出版社，1976年6月）等書，雖皆由張默與人合編或主持編務，皆一律以「詩選集」標示。由多人組成之「編委會」具名者，如《中國現代文學年選（詩）》（巨人出版社，1976年8月）等書，亦同樣以「詩選集」標示。

這六十位「詩人編輯家」名單的選擇，詩創作的整體成績仍是重要依據。兩位「報紙型詩刊」的詩人主編——劉菲（1933-2001）與王幻（1927-），在此考量下只能先權宜略過。但他們的貢獻仍須一記：劉菲1991年起在《世界論壇報》副刊創立「世界詩葉」，至348期（2001年5月14日）後因其不幸往生，詩葉只能告終。王幻接手後，於同一版面改辦「世界詩壇」，從2002年9月12日至2016年2月26日，歷時近14年、總計285期後宣告停刊。此時王幻已經89歲，創造了台灣最年長詩刊主編的紀錄。

若以世代為別，以上六十家中一九一〇世代2人、一九二〇世代8人、一九三〇世代12人、一九四〇世代10人、一九五〇世代17人、一九六〇世代11人，即有一半屬於「戰後世代」。性別比例則是男56、女4，超過九成是生理男性。這其中雖有像張默、瘂弦二人，曾被學術界有系統地分析其編輯行為；但是絕大多數都只被當作「詩人」，從不見有對其「編輯」角色與行為之深入研究。

綜上所述，有別於過往學界所探討的「兒童文學編輯角色」或「文學編輯」相關議題，本文強調應該關注「詩人」與「編輯」之複合身分，嘗試提出「詩人編輯家」的存在，並期盼未來能進一步開展出以「詩人編輯家」為中心的台灣文學史研究視野。文中所提之六十人名單，值得吾人逐一回顧、檢視其文學編輯成就與得失。希冀可藉此引起更多關於台灣當代文學「詩人編輯家」的討論，並盼能從分析每一位的編輯行為後，進一步探究其對文學史造成的影響。

新時期中國外國文學期刊的發展歷程——以《外國文學評論》為例

崔潔瑩
首都師範大學文學院講師

在1994年第2期的《外國文學評論》上，學者劉光能發表了一篇題為《文學公器與文學詮釋：法國近百年之變動與互動舉要》的論文。這篇文章是以法國文學在1965至1966年出現的「新批評」與「舊批評」之爭為核心，論述法國近百年內文學詮釋的發展變化，並以此反觀台灣學界對西方思潮的接受，以及關於文學經典化、正典化問題的討論。不過，先拋開這個主題不談，論文中提出的一個概念倒可以與發表這篇論文的《外國文學評論》期刊聯繫在一起，即劉光能所謂的「文學公器」。按照劉光能的解釋，公器（institution）「未必具有嚴密明確的職權組織，但多少具有專業獨攬、權威公信的特性。姑且合併『機構』、『體制』等詞裡的部分涵義譯為『公器』。所謂的公器又有直接、間接兩面：直接面由開創至守成，統括文學流派運動、出版業、批評與理論工作、修史與教學；間接面涵蓋的主要範圍當然是政權，或是以意識形態、思潮等形式發揮影響力的反政權。」[1]因為具有權威性和專業性，文學公器通過「標榜／漠視、響應／孤立、鞏固／削弱之類正／反選擇並進的行為」[2]，深刻影響了文學經典的形成和演變，也推進了文學詮釋／文學研究的話語轉型。而在這些不同形態的「公器」之中，文學研究期刊的作用不容小覷，尤其是在當今以量化標準衡量學術之演進的時代，學術期刊愈加成為重量級的學術權力機構，無論是徵稿啟事中設置的專欄與專題，還是篩選稿件的標準與機制，以及定期組織的學術會議與論文評獎活動，都是通過掌握和行使話語權來引導學術研究發展方向的方式。當然，與此同時，學術期刊的發展史也反映著學術研究話語轉型的演進史。從這一視角切入，審視《外國文學評論》三十餘年的發展歷程就顯得尤為重要。

一、創刊背景與發展分期

《外國文學評論》創刊於1987年2月15日，以季刊的形式出版。其主管單位是中國社會科學院，由社科院外國文學研究所主辦。正如現任外文所所長的陳眾議所言，「《外國文學評論》呱呱墜地就已然是個巨人。」[3]它於創刊之始就由馮至任顧問，歷任主編張羽、呂同六、韓耀成、盛寧、陸建德、陳眾議等均為具有影響力的著名學者。在創刊至今的

[1] 劉光能：〈文學公器與文學詮釋：法國近百年之變動與互動舉要〉，《外國文學評論》，2014年第2期，頁117。

[2] 同上註。

[3] 《外國文學評論》編輯部編：《「外國文學評論」三十週年紀念特輯》，（北京：社會科學文獻出版社，2018），頁1。

三十餘年內，這本期刊形成了由外國文學研究領域內的學術帶頭人和骨幹構成的數十人的核心作者群，舉辦了多次具有影響力的學術研討會，多次獲得社科院優秀期刊獎。從量化的數據來看，《外國文學評論》的影響因子常年處於專業內領先水平[4]，在全國各地的學術機構和高校的評價體系中，《外國文學評論》往往被納入「權威核心期刊」的範疇。這當然意味著《外國文學評論》在塑造、牽引和影響中國外國文學研究話語的方面有著極大的影響力，而與此同時，雖然相對於其他外國文學研究類的學術期刊，《外國文學評論》創刊較晚，但它同樣是在「改革開放」後外國文學研究在中國「狂飆突進式的衝擊和推動」（陳眾議語）這一歷史浪潮下應運而生，從而見證了中國外國文學研究的兩次大的話語轉型。簡言之，第一次是「80年代文學研究模式從「外部研究」轉向「內部研究」，或者說是由社會歷史批評轉向審美批評。……90年代之後，則是由內向外的轉向，即從審美批評走向文化研究。」[5]當然，具體到《外國文學評論》的發展歷程中，這本刊物所體現出的研究話語轉型是更為細化且更具個性的。如果為論述之便進行劃分，可以把自1987年創刊到1990年之前的三年時間視為一個時期，然後以2000年為分界點再劃分出兩個時期。

在1987至1989年這段時間內，《外國文學評論》的辦刊理念從80年代持續的對俄蘇文學的關注中逐漸開始強化對二十世紀外國文學，尤其是二十世紀歐美文學發展方向的研

---

4 據中國知網的最新數據，《外國文學評論》2019年的複合影響因子為0.476，綜合影響因子為0.276。

5 溫華：《論外國文學研究話語轉型：以五家學術期刊為中心》（上海：華東師範大學博士論文，2013），頁9。

究。在這一時期，現代外國文學「向內轉」的趨勢是討論的熱點，從而校正了在之前較為封閉的政治話語中，以階級論為核心，對揭露資本主義罪惡的批判現實主義文學幾乎是一家獨大的推崇。[6]在這樣的背景之下，符號學、結構主義等形式研究成為最受關注的批評範式。

而進入90年代之後，《外國文學評論》曾對80年代的熱潮做出了冷靜反思的姿態，但在實際上並沒有停止對20世紀外國文學的介紹與研究。並且，從1990年起，對解構主義的介紹、研究與反思明顯增多，傳統與創新、表徵的危機成為討論的熱點，從西方引進的消費主義和女性主義等概念多次見諸期刊。也就是說，隨著西方學界學術重點的轉移，中國的外國文學研究方向也從「向內轉」的趨勢轉向了可以被歸為「外部研究」的文化批評熱潮。同時，處在20世紀的最後一個十年，《外國文學評論》也體現出站在世紀之交總結和回顧過去，暢想新世紀外國文學研究之未來的志向，因而刊發了一系列關於這一宏大話題的探討。難能可貴的是，在對歐美文學「趕潮」一般大量引入的同時，《外國文學評論》

[6] 李陀於1987年在《外國文學評論》發表的〈告別夢境〉一文描述了20世紀50年代中國讀者癡迷於19世紀西方文學的特殊文學景觀：「大家一談起西方19世紀的文學，無論誰都覺得十分熟悉、親切，誰也不覺得那是一個早已逝去了的、應該說已經相當遙遠的文學時代。而正是80年代引進的現代派文學提供了另一種20世紀人的衡量尺度，從此開始了對19世紀的『告別』。」見李陀：〈告別夢境〉，《外國文學評論》第4期（1987年），頁117-118。而賀桂梅在〈「19世紀的幽靈」：80年代人道主義思潮重讀〉一文中對中國50年代後對現實主義文學的接受進行了細分，即50至60年代處於中心地位的是巴爾扎克、狄更斯和托爾斯泰等作家的「揭露資本主義的罪惡」的作品，而到了80年代，那些帶有浪漫主義色彩和個人色彩的作品則取而代之，如雨果的《九三年》、司湯達《紅與黑》，以及契訶夫、屠格涅夫、萊蒙托夫等俄羅斯作家的作品。見賀桂梅：〈「19世紀的幽靈」：80年代人道主義思潮重讀〉，《上海文學》，2009年第1期，頁92。

在這一時期能夠進行冷靜的反思，尤其是在1994-1995年間就中國的外國文學研究是不是具有一種「殖民文學」的性質這一問題進行了幾次學術論爭，無論論爭的結果如何（或者說，這樣的學術論爭未必導向一個「結果」），這些探討都在西方思潮巨大的影響之下指向了一個十分具有價值的問題，即中國學術的主體性在哪裡？概言之，《外國文學評論》專注對外國文學作品及思潮、理論流派、重要思想理論家的研究，但卻始終將「中國問題意識」作為立足點，這一立場直到今天仍被《外國文學評論》所秉持，甚至可以說是得到了更大程度上的強調。

2001年12月，中國成為世界貿易組織的第143個正式成員，中國與世界的文化交流也隨之進入了新的紀元。《外國文學評論》在新世紀初刊發了關於「全球化」的系列文章，旨在討論在新時期應該採取的文化立場和對策問題，繼而也對「文化研究」熱潮進行了重新審視。值得注意的是，2000年之後，《外國文學評論》對80年代後期興起的理論熱潮進行了較為全面的反思，開始強調對具體問題的深入和推進，而有意識地抵制那些從概念穿行到概念層面的研究。這一時期體現出的對辦刊理念的校正，深刻影響了《外國文學評論》後來關注文學及現實的傾向性，尤其是2005年前後呼籲回到文學闡釋的最基本運作機理，以及2010年之後強調文學在現實世界種種關係建構中的作用。值得注意的是，從2000年之後，《外國文學評論》開始固定每期刊發一則〈編後記〉，以集中體現刊物隨學術演進與歷史發展而不斷調整的辦刊理念。有意思的是，近20年的〈編後記〉中不僅有對當期主推論文的紹介，還充斥大量對時事的評論。其中多為對

2000年之後中國快速進入「學術生產」時代的批評，由此話題推廣開來，也有對人文學科之於社會道德系統建設之功用的探討。「學術評估」、「科研基金」、「核心期刊」，甚至「學術抄襲」等新名詞成為2000年之後《外國文學評論》在〈編後記〉中反復討論的話題，這當然體現著《外國文學評論》作為「心智的堡壘」[7]對現實勇敢的介入，而反過來看，以《外國文學評論》為鏡，也映照出中國學術思想史的發展，以及學術與社會關係的變遷。

從以上梳理可以看出，《外國文學評論》這一「文學公器」既參與建構著學術研究的現實，也積極回應著社會歷史的現實。任《外國文學評論》常務副主編的程巍在《「外國文學評論」三十週年紀念特輯》的跋中寫道，「按時間先後連續閱讀百餘篇「編後記」，可以分明察覺到本刊三十年來在不停地探索並校正其辦刊理念，不是以「時俗」為標準來校正，而是以「學術的進展」為標準，為此，雖千萬人不往而我獨往。」[8]《外國文學評論》三十餘年來不變的學術品格當得起這樣的評價，但是如果將《外國文學評論》作為審視和研究的對象，它同樣在「時俗」中參與著現實種種關係的建構，它既在量化標準和學術的工業化生產中堅守學術的底線，又時時刻刻地處在不斷變化著的現實框架之內。因此，隨著歷史的演進梳理《外國文學評論》的發展歷程，也是管窺三十餘年來中國外國文學研究狀況的必要之徑。

7 〈編後記〉，《外國文學評論》，2010年第1期。

8 《外國文學評論》編輯部編：《「外國文學評論」三十週年紀念特輯》，頁306。

二、1987-1989：亟待革新的時代

前面已經提到，《外國文學評論》的創刊時間並不算早。自「改革開放」之後，文藝期刊進入到了迅速發展的時期，外國文學期刊也如雨後春筍般出現。據統計，自1978年到《外國文學評論》創刊之前的九年間，已經有20種新的外國文學期刊出現[9]，其中《外國文學研究》、《當代外國文學》、《外國文學》、《國外文學》等至今仍為專業內最具影響力的一批學術期刊。這些學術期刊在80年代的背景下，共同體現著接續「五四」啟蒙話語的努力，對政治話語之於學術的全面影響進行自覺的反思並保持警惕。因而，它們對修正學術的歷史發展方向，全面進行革新的願望就顯得尤為強烈。

《外國文學評論》雖然創刊較晚，但在1987年第1期的發刊詞當中，主編張羽仍然明確地強調刊物是「改革開放」的產兒，面對過去若干年對外國文學幾乎全部拒斥門外的歷史教訓，目前「外國文學工作的一個迫切任務是繼續引進，同時在大量掌握材料的基礎上展開全面的、深入細緻的研究和探討。」[10]在同一期刊物上，袁可嘉的〈大力加強對現代外國文學的整體研究〉、程代熙的〈三點不成熟的想法〉、陳孝英、章廷樺的〈外國文學評論必須全面更新〉，以及史亮的〈傳統的更新〉都圍繞外國文學研究的革新問題進

[9] 見溫華在博士學位論文的附錄中製作的〈建國以來外國文學期刊匯總〉表。溫華：《論外國文學研究話語轉型：以五家學術期刊為中心》，頁209。

[10] 張羽：〈在改革和開放的實踐中努力辦好《外國文學評論》：代發刊詞〉，《外國文學評論》，1987年第1期，頁3。

行了探討。其中，陳、章二人的〈外國文學評論必須全面更新〉一文提出了外國文學評論的職能，即「對外國文學的翻譯、出版工作起指導、參謀和咨詢的作用。……通過評好書和評壞書來引導翻譯工作者和出版部門多譯、多出好書，不譯、不出壞書……我們介紹外國作品，首先應該考慮作品本身的文學價值和對我國文學的借鑒意義。」[11]同時這段引文也表明，《外國文學評論》應該作為「文學公器」，承擔引導外國文學發展方向的職能，這和馬修・阿諾德（Matthew Arnold）在19世紀中期寫作的名篇〈批評在當下的功用〉表達了相似的寄予文學批評的厚望。

具體說來，需要革新的文學觀念主要有兩點。第一，也是最重要的一點，就是要全面地認識西方現代派文學。在此之前的一段歷史時期內，俄蘇現實主義文學都是外國文學研究關注的重點，《外國文學評論》在創刊之初並沒有割裂這一傳統，但卻有意識地更加強調對二十世紀歐美現代派文學的譯介與研究。從1987年第1期起，《外國文學評論》就在辦刊方向中明確加入「當代外國文學理論的研究和評論、關於當代外國文學流派與批評流派的研究和評論、關於當代外國文學中的重大問題、文學現象和文藝思潮的研究和評論」的內容[12]，並設有「二十世紀外國文學」專欄，同年5月在外文所召開了「外國文學中的意識流」學術研討會，1988年全年設立「二十世紀外國文學走向」的專題討論，1989年的年度專題中列有「俄國形式主義」、「象徵主義文學」、「符

[11] 陳孝英、章廷樺：〈外國文學評論必須全面更新〉，《外國文學評論》，1987年第1期，頁9。

[12] 見《外國文學評論》編輯部編：《「外國文學評論」三十週年紀念特輯》，頁153。

號學研究」等二十世紀西方主要的幾大文藝思潮。而在二十世紀外國文學及文藝思潮的大量引進中，對文學形式的研究得到了前所未有的強調。這一方面是受到西方二十世紀文藝思潮中「向內轉」之傾向的影響，另一方面也反映了對過去研究範式的修正——即在政治話語的引導下對文學觀念的單一強調。在此背景下，《外國文學評論》在創刊的頭三年內，刊發了數量可觀的二十世紀外國文學研究成果，其中產生廣泛影響的有袁可嘉、飛白、郭宏安等人對現代派詩歌的介紹和研究，以及趙毅衡、馮季慶、耿幼壯等人關於結構主義與符號學的論述。難能可貴的是，在強調全面認識二十世紀外國文學的同時，《外國文學評論》也刊發對現代派文學進行反思乃至批判的文章，強調從「西化」到「化西」的主體性作用，避免單一地從跟隨十九世紀外國文學到跟隨二十世紀外國文學的局面。[13]可以說，這種面對西方強勢的話語力量尋找自己的文化立場與問題意識的自覺性在《外國文學評論》的發展歷程中是貫穿始終的，它體現了這本刊物可貴的獨立品格，但也同時反映著中國外國文學研究始終存在著的焦慮。

另外一個革新的方向體現在文風方面。在創刊初期，《外國文學評論》有意提倡短而精的文風，這一點和後來基

[13] 如解正中的論文〈平庸的「名作」，破碎的殘片：評西蒙的《弗蘭德公路》〉就指出了對外國現代派文學缺乏批判性思考的問題。而吳元邁的論文〈論今日之「拿來主義」：關於文學的全球意識和參與意識的思考〉則從更為宏觀的角度指出，只有樹立全球意識和全人類思維，才能在引進外國文藝的同時也參與到世界文藝發展的進程中。見解正中〈平庸的「名作」，破碎的殘片：評西蒙的《弗蘭德公路》〉，《外國文學評論》，1989年第2期，頁29-32；吳元邁〈論今日之「拿來主義」：關於文學的全球意識和參與意識的思考〉，《外國文學評論》，1989年第2期，頁3-8。

本上只刊發專業化和標準化的學術論文的趨勢有著顯著的區別。在1993年第2期上，《外國文學評論》發表文章悼念於當年2月去世的馮至先生，文章指出馮至給《外國文學評論》提出了若干中肯建議，其中一條就是「改革文風，刊物的文章應該短而精；文章要寫得活潑，有文彩，不要擺起面孔來講道理。」[14]而在1987年第2期的〈編後記〉中，編者也明確提出「本刊有志改革文風，提倡精粹的評論短文。」[15]當期刊發的綠原〈細節荒誕和整體合理化的辯證法：讀卡夫卡隨筆〉就屬於這類兼具學理性和文學性的學術散文。除此之外，自創刊始，《外國文學評論》就設置了「我與外國文學」、「短評短論」、「筆談」欄目，刊登了王蒙、李陀、王安憶、宗璞等當代作家的短文和評論，深受讀者歡迎。然而，這一改革文風的理念實際上並沒有持續多久，進入九十年代之後，《外國文學評論》的選稿標準很快就朝著專業化學術論文的方向發展，在2000年之後的學術化生產時代到來之後，《外國文學評論》更是成為最具專業學術性的刊物之一。回顧這一短暫的提倡短小文風的時期，可以發現其背後的原因在於《外國文學評論》雖然在建立之初就有著專業定位，但卻仍然強調對「普通讀者」的普及作用。在1987年第2期中，周珏良的〈幾點希望〉建議《外國文學評論》多刊發書評書訊，以《泰晤士報》文學副刊、《紐約書評》、《紐約時報》書評為借鑒對象。[16]事實上，直到2001年為止，《外國文學評論》都設有「國外文壇之窗」的欄

[14] 《外國文學評論》編輯部：〈沉痛悼念馮至先生逝世〉，《外國文學評論》，1993年第2期，頁6。

[15] 〈編後記〉，《外國文學評論》，1987年第2期，頁144。

[16] 周珏良：〈幾點希望〉，《外國文學評論》，1987年第2期，頁62。

目，刊發國外文學研究的新動向和書訊，有時還會介紹國外書評類雜誌最近發表的文章，甚至從1991年第3期開始刊登寫作此類動態新聞的作者姓名，以鼓勵高質量的學術動態發表。根據溫華的研究，在80年代，以《外國文學研究》與《國外文學》為代表的外國文學類的專業期刊都將外國文學的普及工作視為己任，刊物的「民間性」得到強調，從而突顯出學術的自由和民主。[17]而《外國文學評論》誕生於80年代後期，其時學術的環境正在發生改變，外國文學期刊的普及作用逐漸淡化。《外國文學評論》趕上了推崇刊物「民間性」的末班車，但又很快地轉向了對學術專業化和標準化的追求。不過，《外國文學評論》早年通過普及性體現出的社會參與感與責任感並未消滅，而是在學術與社會的關係業已發生改變的語境下，以另外的方式持續著對社會歷史現實的深刻關切。

三、1990-1999：世紀末的回顧與展望

進入90年代之後，回顧建國以來的外國文學研究歷史並展望新世紀的發展成為世紀末最後十年的主流。在頭五年，《外國文學評論》出現了一些文化守成傾向的聲音，對80年代的西方現代派文學狂潮進行了再認識。早在1989年11月《外國文學評論》編輯部舉辦的座談會上，《譯林》主編李景端就提出了體現刊物主體性的參與意識問題。他認為當前外國文學介紹中出現了粗製濫造的現象，對此，「刊物應

[17] 見溫華：《論外國文學研究話語轉型：以五家學術期刊為中心》，頁71-74。

該進行干預，大膽說話，否則是一種失職。比如前段時間的庸俗的外國通俗小說，甚至色情作品的泛濫，刊物應該對此種文化現象作出恰如其分的評說，作好輿論導向。」[18]這一觀點在1990年第2期的刊物上再次出現：該年2月，中國社會科學院外國文學研究所聯合灕江出版社召開《外國名作家大詞典》、《外國婦女文學詞典》、《詩海》和《世界名詩鑒賞詞典》出版座談會，在此次會議上，楊牧之就認為引進我國文學要進行正確的選擇、規劃和管理，「以前這方面的工作，主流是好的，但外國通俗作品的出版比率逐年增加，其中有些是淫穢作品。當然，對性文學要慎重分析。」[19]從這些觀點來看，絕大部分學者都贊同在反對資產階級自由化傾向的同時不能放棄改革開放，但是要對外國文學的引進加強鑒別，而外國文學期刊在此過程中應該發揮「文學公器」的作用。

不過，在這一時期更鮮明地強化政治立場的是1990年第2期開篇刊登的吳元邁〈文藝與意識形態〉一文，以及1992年為紀念毛澤東〈在延安文藝座談會上的講話〉發表50週年而發表的一系列文章。吳文對國外及國內否認文藝是一種意識形態的觀點提出質疑，指出馬克思主義關於文藝是意識形態的命題同形形色色的唯心主義以及各種庸俗社會學劃清了界限，是文藝理論上的一個重大歷史性發現，因此針對西方的解構主義思潮也要用馬克思主義立場來鑒別。[20]而在1992

[18] 方顏：〈殷切的希望，高標準的要求：《外國文學評論》座談會紀要〉，《外國文學評論》，1990年第1期，頁144。

[19] 放顏：〈外國文學：合理引進，正確選擇——記灕江出版的四部新辭書座談會〉，《外國文學評論》，1990年第2期，頁138。

[20] 吳元邁：〈文藝與意識形態〉，《外國文學評論》，1990年第2期，頁

年第2-3期，《外國文學評論》刊發了「〈在延安文藝座談會上的講話〉與外國文學」系列筆談[21]，其中葉水夫的文章體現了對「文革」之後外國文學研究的全面反思，提出了在新的國際關係局勢下，如何重新認識已經成為歷史概念的「蘇聯文學」，以及現代派是否可以等同於現代化等十分重要的問題。在這些討論中，毛澤東的〈講話〉與江澤民提出的「一個中心，兩個基本點」[22]被視為「學科清理工作」的參照標準，以此釐清「哪些是資產階級自由化的觀點，哪些是自由化的思想理論基礎，哪些是非馬克思主義的理論是非問題，哪些是一般性的學術問題。」[23]

總的來說，在90年代初對政治立場的再次強調是以堅持「解放思想」為前提的，因此它在實際上並沒有成為繼續引進西方文藝思潮的阻力。但是，伴隨著這種在政治上對西方思潮進行修正的努力，90年代的《外國文學評論》對西方的形式主義批評、消費主義、種族主義確實表現出較之於80年代更深刻、更具主體性的反思。這種反思一方面促使西方的「表徵危機」，乃至「文學危機」成為新的關注重點，另一方面也結合反法西斯戰爭勝利50週年的歷史背景，使得中國

3-11。

[21] 包括第2期刊發的吳介民的〈外國文學研究要全面貫徹「洋為中用」的方針〉、葉水夫〈如何正確對待外國文學〉、程代熙〈堅持社會主義主體意識〉等，以及第3期刊發的卞之琳〈重溫「講話」看現實主義問題〉、袁可嘉〈學——用——化〉、吳岳添〈談談研究工作中的普及與提高〉等。

[22] 1987年11月1日〈中國共產黨第十三次全國代表大會關於十二屆中央委員會報告的決議〉把社會主義初級階段基本路線的核心內容概括為「一個中心、兩個基本點」。一個中心，指以經濟建設為中心；兩個基本點，指堅持四項基本原則，堅持改革開放。

[23] 吳介民：〈外國文學研究要全面貫徹「洋為中用」的方針〉，《外國文學評論》，1990年第2期，頁6。

外國文學研究的主體性問題（或者說是主體性焦慮）成為學術爭鳴的熱點。

根據溫華對《外國文學研究》與《外國文學評論》這兩家最為重要的外國文學期刊在90年代刊發理論文章的數字統計，「1990年代前半期最受關注的理論熱點是後現代主義、敘事學，後半期的熱點則是敘事學、文化研究、西方馬克思主義和後殖民主義、女性主義，以及關於『全球化與本土』的討論。」[24]其中對敘事學的討論延續了80年代對西方形式主義批評的強烈關注，但也隨之出現了對西方當代文論更為深入的批判與反思，從而重新認識傳統與創新的關係。余虹在《外國文學評論》1991年第2期發表的論文〈傳統中的「反傳統」：西方現代形式批評之批評〉就代表了這一方向的努力。這篇論文隸屬於當期刊物的「文學的傳統與創新」欄目，在文中，余虹認為形式主義批評最基本的口號是回到文學本身，這意味著該理念是以相信文學本體存在為前提，這恰恰證明了「西方現代形式批評是在『傳統』範圍內對『亞傳統』的反動或超越，這正好從對立面之顛倒的方向上完成了『傳統』。」[25]然而文學是一種存在形態，而非存在者形態，因此真正超越傳統的提問方式不是「文學是什麼？」，而是「文學不是什麼？」接續這個話題，盛寧在同期發表的論文討論了後現代主義的「表徵危機」，及其之於資本主義文化的意義。

伴隨對現代主義的反思和對後現代主義的認識與接受，

[24] 溫華：《論外國文學研究話語轉型：以五家學術期刊為中心》，頁111。
[25] 余虹：〈傳統中的「反傳統」：西方現代形式批評之批評〉，《外國文學評論》，1991年第1期，頁3。

文化研究的熱潮也伴隨著對「文學已死」的憂慮逐漸興起，其中後殖民文化研究成為90年代中後期的一個熱點。本文在此無意細查這一時期對該議題的研究狀況，而是試圖透過這一現象揭示中國外國文學研究的一個困境，即在後殖民時代如何面對文化差異、文化衝突與文化交流？《外國文學評論》對此重要議題的探討是通過易丹的論文〈超越殖民文學的文化困境〉所引發的一系列學術爭鳴來完成的。在1994年第2期，易丹在上述論文中斷定中國文化較之於西方文化更為虛弱，難以避免被外來的強大文明所征服的命運，而外國文學的研究，由於直接面對著文化差異與文化衝突的課題，不得不在其中扮演一種「殖民文學」或「殖民文化」的角色。針對此文，張弘在同年第4期刊物上發表了〈外國文學研究怎樣走出困惑？：與易丹同志商榷〉一文為外國文學研究正名。文章指出，文學是人類借助語言文字為中介的一種存在方式，而非文化的載體。「外國文學研究，做的正是向全民族介紹人類各時代優秀文化遺產和精神財富的工作，作為通向外部世界的窗口與橋梁，它應該進一步發揮這種優勢，而不是相反地自我關閉自我隔絕。」[26]張文對易文的批判反映出對政治話語粗暴干涉學術之歷史教訓的警惕，但在論文的最後，張弘也頗具洞見地指出，易丹在文章中所表現出的憂慮反映了「外國文學研究的困境恰恰是因現代化道路的曲折和參照坐標的變移不定而造成的」[27]，即無論是現在推崇的「西方先生」，還是過去推崇的「俄蘇先生」都會

[26] 張弘：〈外國文學研究怎樣走出困惑？：與易丹同志商榷〉，《外國文學評論》，1994年第4期，頁124。

[27] 同上註，頁128。

「欺負學生」，那麼對政治立場的強調和對現代派的反思，就是對這一困境的一種反應。

易丹與張弘圍繞外國文學研究方向與方法問題的討論，以及之後持續一年之久的針對這場討論的討論，都代表著90年代後期的中國學者站在世紀之交的節點上，試圖總結過去與展望未來的願望。《外國文學評論》1995年第1期刊發了吳元邁在中國外國文學學會第五屆年會上的發言稿，題為〈面向二十一世紀的外國文學〉。吳元邁在文中指出，自「改革開放」以來，中國學界是以「趕潮」般的心態引介20世紀外國文學，幾乎用十年時間把20世紀的文藝思潮都重演了一遍。而面對即將到來的新世紀，建立中國特色的外國文學研究是當務之急。同時，也應該打開視野，打破過去以英美文學為絕對中心的傳統，迎接冷戰後世界文學的多元新格局。吳元邁的發言和《外國文學評論》在1995年第3期和第4期設立的反法西斯文學研究專欄有著互相關聯的問題意識，即在外國文學研究中如何確立「我們」的立場、方法與策略？對這個重大問題的解答就要求外國文學研究加強主體性的問題意識，在1995年第4期的〈編輯絮語〉中，編者強調這所謂的「問題」，「既是指研究與我們的文化建設有關的大問題，更指具體研究課題中應有明確的針對性。」[28]同時，這篇「絮語」中也對學術引用規範問題做出了規定和強調。這表明，《外國文學評論》對研究論文的學術性和專業性有了更高的要求，同80年代的辦刊理念有所區別，但卻和新世紀的刊物發展方向一脈相承。

28 〈編輯絮語〉，《外國文學評論》，1995年第4期，頁144。

四、2000年之後：「盛世」下的沈思

2001年，中國正式加入WTO，如何面對「全球化」的挑戰成為新千年里《外國文學評論》提出的第一個重要議題。在2000年第1期，時任《外國文學評論》主編的盛寧發表題為〈世紀末‧「全球化」‧文化操守〉的文章，強調在文化交往中對主體性的堅持，呼應了90年代對外國文學研究立場的反思。2001年第3期，該刊物又設立「文化遷徙與雜交」專題，刊發了五篇在昆明召開的同名學術研討會上發表的論文。[29]這次研討會實際是在「全球化」的歷史背景下對過去一二十年「文化研究」熱潮的再審視和再認識，尤其是改寫了對「第三世界」文化屬性的認識。其核心問題在於，如何在「全球化」的文化浪潮中保持和發揚民族文化主體性，並且面對文化的雜交與遷徙？按照該期「編後記」的總結，此次研討會的目的在於「應對文化挑戰，更自覺地意識到這種文化研究從你從事研究的認識假設到具體的觀察視角和方法，到你選擇的材料，直到你最後的研究成果，其實都有一種我們回避不了的政治性。」[30]

伴隨著以上有關後殖民批評的討論，以及《外國文學評論》隨後發表的一系列後殖民主義相關的論文，「如何認識現代性」的問題得到了更加深入的探討。2002年第3期上發

[29] 它們分別是陸建德〈地之靈：關於「遷徙與雜交」的感想〉、張德明〈多元文化雜交時代的民族文化記憶問題〉、羅國祥〈話語霸權與跨文化交流〉、石海峻〈地域文化與想象的家園：兼談印度現當代文學與印度僑民文學〉，以及戴從容〈從批判走向自由：後殖民之後的路〉。

[30] 〈編後記〉，《外國文學評論》，2001年第3期，頁160。

表的肖錦龍〈當前比較文學的危機與出路〉與周憲〈審美現代性的三個矛盾命題〉，兩篇文章都提出「現代性」問題基本上是西方學界對自身資本主義體制和意識形態進行反思的過程中引發和派生出來的，而我們在對西方文論的研究當中常犯的一個錯誤，就是把西方問題當成了自己的問題。這種學術研究中無意識地將自我代入西方話語主體的現象直到今日仍是《外國文學評論》反復批判的問題，但這種強烈的對主體性的訴求與思考是萌發於90年代對現代派思潮的反思，並在2000年後面對「全球化」的挑戰中得以深化的。

如果說《外國文學評論》甫一問世就加入到了大量引進西方當代文藝理論的浪潮當中，那麼在2000年之後，這本刊物對「理論熱」開始了直至今日的反思與重審。前面已經提到，自90年代起，《外國文學評論》對解構主義的介紹明顯增多，而在2001年，當被視為解構主義思想家的德里達（Jacques Derrida）來到中國時，《外國文學評論》對此次中國之行的記述卻很敏銳地指出了德里達80年代後對解構思潮所做的補充闡發：「我們期待的解構多是鋒芒畢露的批判，而德里達的運思卻集中在『寬恕』的可能，我們期待的『解構』是一種所向披靡的激進姿態，而德里達卻毫不掩飾自己的『保守』。」[31]事實上，德里達此次在北京、上海、香港等地發表的演講涉及到大量有關「寬恕」、「死刑」等倫理問題，《外國文學評論》對這一思想轉向的覺察，有利於反思上世紀末引進解構思潮時存在的片面與不足。在2003年第1期的編後記中，《外國文學評論》的編者指出當前的理論

[31] 同上註。

研究普遍處在從概念到概念層面的穿行，而缺少對問題的深入推進。而要突破這一困境，新曆史主義的理論和批評實踐是十分值得借鑒的，比如同期發表的呂大年〈理查遜和帕梅拉的隱私〉一文就可以被看作是專注具體個案研究，而不一味追求理論的批評範例。

伴隨著這一次對辦刊理念的調整，文學的認識價值、審美價值和倫理價值重新受到了重視，例如，2006年第4期的〈編後記〉批評了當時詩壇上的梨花詩、下半身詩等現象，指出當下「大量冠以批評的文字，不再是對文本的仔細研讀，而是重複別人的成見……學術泡沫翻湧。」[32]對此，文學批評的失職負有不可推卸的責任。因此，必須恢復文學批評對文學的認識價值和審美價值的總體判斷之功用。除此之外，為了糾正「西方文論熱」所造成的無盡的「理論生產」，重新解讀和闡釋經典、與經典對話成為《外國文學評論》在這一時期的關注重點。

到了2008年，《外國文學評論》以反思「理論熱」的精神對熱鬧了十餘年的「文化研究」和「文化批評」進行了反思。在第1期的〈編後記〉中，編者指出造成「文化研究」近年來走向衰頹的原因在於將理論命題當作研究對象，並且與少數族裔、後殖民、女性主義研究重合，失去了自己應有的本分。[33]對此，新歷史主義批評的文化詩學觀或可成為一個新的突破口，即停止在理論層面的穿行，視文學—意識形態—社會行為—文學為一個週轉性流程，著眼於個案分析，關注具體的經驗性的東西，討論文化生成的過程。這篇〈編

[32] 〈編後記〉，《外國文學評論》，2006年第4期，頁160。
[33] 〈編後記〉，《外國文學評論》，2008年第1期，頁160。

後記〉實際上是重申了2003年《外國文學評論》用新歷史主義批評實踐來突破西方文論研究困境的設想，並且，同期發表的虞建華〈「薩柯一樊賽蒂事件」：文化語境與文學遺產〉與王建平〈十九世紀美國聖地遊記文學與東方敘事〉兩篇論文都體現了這一理念的推行。

當然，對於《外國文學評論》強調新歷史主義批評方法的新理念，學界也存在著不同的聲音。在2013年第3期的〈編後記〉中，編者指出針對當前刊物理念的批評聲音有兩種，其一是認為刊物選稿的標準有過於濃重的政治傾向，而不關心「文學自身」；另一派批評觀點則認為刊物只關注文學研究，而輕視了理論。[34]對此，編者指出並不存在一個靜止的「文學自身」，文學始終是一個不斷生成的變量，「文學性的建構過程是各種社會關係和社會力量的複雜博弈——各種階級的、性別的、種族的、國際的力量對文化領導權的爭奪的結果，而它不久又可能被同處文化權力競爭場的其他力量所顛覆，另一種『文學性』得以確立。」[35]文學始終是行動的，文學是實踐的過程，而對這一過程的分析就體現著論文的深度。一言以蔽之，文學研究的文化轉向是必要的。而一旦將話語與權力關係納入文學研究的關注重點，分析霸權話語的生成、打破西方中心主義模式就順理成章地成為文學研究的旨歸，文學被視作微觀的政治，一切學術都成為了廣義的政治學。在此觀念的引導下，每個國家建構其民族—語言文學史的話語行為就成為文學研究的重要對象。從2011年起，《外國文學評論》就新設了「中外文學—文化關係史

[34] 〈編後記〉，《外國文學評論》，2013年第3期，頁239。

[35] 同上註。

研究」，「意在提倡在複雜的國際—國內關係史中研究文學和文化的跨國流播及其對自我和他者的形象建構。」[36]為打破西方中心主義的模式，《外國文學評論》自2012年起又開始倡導對「中國及周邊文學—文化關係史」的研究，張京華發表於2012年第1期的長文〈三「夷」相會：以越南漢文燕行文獻為中心〉就是這系列研究中具有重要影響力的成果，而這些以詩證史的文學的歷史社會學研究都分享著一個目的，就是避免成為殖民話語無意識的同謀。

最後值得一提的是，新世紀至今的近二十年也是中國經濟飛速發展的時期，在急劇商業化的社會中，一個科研的「盛世」似乎也已經到來。自2000年起，《外國文學評論》在每期固定刊發的〈編後記〉中多次對科研在數據層面上的迅猛發展做出了批判。從科研經費的大量投入、學術期刊的分級制度、博士生畢業及職稱評定與論文發表掛勾的制度、科研基金申請的泛濫，以及學術論文工業流水線一般的生產，這近二十年的〈編後記〉中均有所涉及，並且難能可貴的是，《外國文學評論》雖然同樣處在整個學術評價體系的框架之內，但卻盡力保持、保護著學術的獨立性和自身的規律性。比如，在學者們紛紛以論文發表作為課題申請、課題驗收的依據時，《外國文學評論》取消了在論文上標注科研項目名稱的習俗，其所依據的理由是論文應該是以獨立精神完成之獨立論文，而非某某科研項目的階段性成果。[37]又如，雖然《外國文學評論》被公認為外國文學研究領域的權威學術期刊，但卻從不以作者的職稱、資歷作為論文評價的

[36] 〈編後記〉，《外國文學評論》，2012年第1期，頁239。
[37] 同上註。

標準，並且力推優秀的青年學者，不拒絕刊發博士在讀生，乃至本科生的論文。從2010年起，《外國文學評論》效仿國際期刊制定了撤回制度，即不管何時發表文章，一經查證為抄襲，將刊發撤回聲明。除此之外，對投稿中存在的抄襲行為，該刊也多次在〈編後記〉中予以適度的曝光，可謂是對學術的底線做到了嚴防死守。

當然，對於一家行業內的頂級學術期刊來說，堅守學術底線和學術操守是一個非常基本的要求。但《外國文學評論》將目睹的這二十年學界之「怪現狀」融入到了對中國現代化進程的思考當中，從而提出了文學研究在新的國際關係網絡當中，在傳統道德律令分崩瓦解的廢墟上應該有何作為的重大問題。而回顧《外國文學評論》走過的三十餘年歷史，這條問題意識的線索事實上從未中斷過，在2019年最後一期刊物的〈編後記〉中，編者提到了愛默生（Ralph Waldo Emerson）在《美國學者》（*The American Scholar*）中的主張，「讓我們用自己的腳走路，用自己的雙手勞作，說出我們自己頭腦中的思想。」[38]這無疑是對中國外國文學研究所寄予的厚望，也是《外國文學評論》自創刊以來不斷追索的目標。

[38] Ralph Waldo Emerson, *Emerson's Prose and Poetry*, ed. Joel Porte & Saundra Morris, New York: W・W・Norton & Company, 2001, p. 69.

博與專：論學術刊物編輯的兼容意識——以《中國女性文化研究》為例

艾尤

首都師範大學文學院副教授

兼容思想古已有之，其對於學術刊物生存與發展極為重要，因為好的學術刊物一定能夠取精用宏、知微見著。然而，需指出的是，刊物所提倡的兼容，並非指包容一切、毫無側重、不分良莠的來稿照刊，否則刊物將會失去自身的風格。因此，所謂兼容，指的是刊物從自身定位出發，在刊物所研究和涉及的領域內，遴選出學術見解獨到又風格不同的文章，有深度、有廣度地彰顯出自身刊物的特色，使刊物從內容到形式既豐富多彩，又風格突出，還常辦常新。因此，兼容既是編輯辦好刊物的一門藝術，也是刊物經營至善的戰略。

《中國女性文化研究》前身為《中國女性文化》，是首都師範大學中國女性文化研究中心創辦的學術集刊，該刊自2000年10月創刊至今，至今已有二十年之久，是目前大陸唯一的一個女性／性別研究的純學術集刊。刊物的前身對於刊物的定位是：「以文化的自覺與女性的自覺雙重標準為立腳點，以專業性與包容和欣賞的多樣性、差異性為宗旨，在宏闊的視野中探討文化是如何構造了女性，構造了文學，文學又如何生產了文化，生產了女性，探索文學本身所具有的人性開發功能，文學如何在形式的領域體現男人性和女性性的豐富複雜，並檢索中國文學在其發展過程中，所遭遇的文化問題，尤其是性別不平等問題，從而有效地參與到當代文化建設與文學實踐之中，為人類文化完形，為中國文學健康，做出應有的貢獻」。[1]

十幾年來，該刊的確從不同的維度對女性文化做了廣博呈現，刊物的欄目設置就體現了這一點。例如，刊物第1輯設置了「90年代女性形象」、「女性學前沿」、「女性文化論壇」、「女性主義群落」、「母性話題」、「女性寫作探索」、「陳染進行時」、「虹影的天空」、「文本細讀」、「女作家訪談」、「她者的眼光」、「綠色事業」等12個欄目，第2輯中有八個欄目與第1輯相同，在此基礎上又增設了「女性寫作與批評」、「女性主義詩學」、「思潮與思想」、「前世今生」、「邊緣轉態」五個欄目。在刊物的發展過程中，欄目設置也歷經了幾次調整，從2009年到2017年間，刊物以「前沿」、「對話」、「性別」、「人物」、「賞典」、「畫廊」、「讀吧」這些欄目為主，並增設了「沙龍」、「特別專題」、「新秀」、「學林」、「會訊」等欄目，而文章的內容則涵蓋了文學、藝術、社會學等各方面。

雖然，刊物的前身以其廣博性為今天的發展奠定了良好

---

[1] 荒林、王紅旗主編：《中國女性文化（第一輯）》（北京：中國文聯出版社，2000）。

基礎，打開了發展局面，但同時也因刊登的內容過於駁雜，導致刊物的定位不明晰、特色不鮮明、學術性不強。2017年開始，首都師範大學中國女性文化研究中心開始掛靠文學院，刊物隨之由文學院的老師負責編輯工作。為了讓刊物定位和學術性更加鮮明、突出，新的編輯團隊從2019年開始進行改刊，將刊物的定位、名稱、欄目設置都做了調整。具體說來，刊物新的定位是專業化的純學術集刊，它以女性文學為主，兼顧女性文化研究，力圖從文學與文化兩個層面，對最前沿、最具深度的女性／性別歷史與現實問題作全面、深入的呈現。刊名由原來的《中國女性文化》更名為《中國女性文化研究》，以凸顯其學術性，辦刊宗旨為「以文學文化會友，以思想學術立身」。根據刊物的定位和辦刊宗旨，如何使得刊物既有廣博的學術視野，又有鮮明的專業特色，是該刊首先需要解決的問題，下面將從以下幾個方面來談談刊物的編輯設想。

一、文學性與文化性的兼容

文學與文化二者的密切關係毋庸置疑，「一方面，作為社會生活反映或者主體表現的文學，天然地要帶有文化屬性，即文學屬性離不開文化屬性。另一方面，作為個性體現、個體創造的文學文本，其中又可能也可以表現出不同於已有文化的某些地方而顯示出新的文化屬性乃至文化品格。」[2]由此以來，也決定了文學性與文化性的必然聯繫。

[2] 劉淮南：〈文學性與文化性〉，《雲南師範大學學報》（社會科學版），2017年第6期。

從某種意義上，甚至可以說文學是各種社會文化現象的故事呈現、文本呈現。綜觀中國當代文學的各種創作潮流，從「傷痕文學」到「反思文學」、「改革文學」等等，無一不是對社會文化問題的展現。

在眾多的文學類別中，女性文學又是與社會文化勾連最緊密的，女性文學作為女性主義運動的文化成果，其描繪、勾勒的正是菲勒斯中心文化之於女性的一種獨特印記。正是男權文化意識形態對現實生活的壟斷，讓女性長期處於屈從地位，才催生了具有性別意識的女性文學。有學者就指出「女權／女性主義文學批評毫無疑問地首先是一種政治或意識形態批評。是一種以性別為『形構』（formation）的政治化」。[3]所以，某種意義上女性文學與社會文化具有某種同構成分。正因如此，中西方女性文學的發生與發展、不同時期的女性文學發展與演變，都與其所處的地域或時代的政治、經濟、文化意識形態緊密相關。在女性／性別研究臻於成熟的二十一世紀，女性亦或性別問題在社會現實與符號世界中所處的地位日益顯著。正如張京媛在《當代女性主義文學批評》前言中所寫：「女性主義批評在文化話語中的滲透改變了而且正在改變人們從前習以為常的思維方式，使傳統的性別角色定型觀念受到前所未有的衝擊」。無論是現實生活或學術研究，已無場域可以免受性別思維的影響。

長久以來，在菲勒斯中心文化裡，女性作為一種不可見的、遭潛抑的身分，總是處於緘默、缺席或被界定、被符號化的狀態，成為「空洞的能指」。迄今所積累的女性研究

[3] 王侃：〈女性文學的內涵和視野〉，《文藝評論》，1998年第6期。

成果，對既往的成見、偏見已從多方突破，帶來女性意識的覺醒，從而引發對於性別本質主義的反思與反叛，扭轉了先前固定不變之性別秩序與意義所代表的必然性。可見，女性主義是研究性別與權力的學說，是一種性別平權主義，它以性別問題為關注點，以女性在現實生活與文化處境中的獨特經驗去反觀男權中心文化，讓我們看到文化與文本中不能再忽視的性別問題，故以此為底色的女性研究也是性別研究的一種。儘管「女性研究」與「性別研究」二者在學理上有區別，前者屬於本體論範疇，彰顯出獨特的「她」立場；後者屬於方法論範疇，主要用於歷史與文化解構。但是，在實際的研究中，「女性」與「性別」卻是你中有我、我中有你，彼此難以分割。這二者的膠著狀態，也使女性文學與性別文化研究成為難以切分的熔體，同時，也彰顯出在這一研究領域，文學與文化是極為重要的兩個維度。

女性文學與文化研究包括了對性別，尤其是女性相關的理論與批評探索、文學專題研究與文化專題研究，也就是關注文學與文化領域內一切和女性／性別相關的議題。需要指出的是，所謂女性文學與文化研究從一開始就是被放置在與傳統的性別等級、性別認知與性別意識進行對話和挑戰的語境下成立的。具體說來，即便不同流派和研究者的思考路徑與問題意識會有所不同，但它們也都建立在幾個共識的基礎上：其一，女性文學與文化研究挑戰父權制，即女性在家庭、政治、經濟、社會、藝術等領域的從屬地位；其二，女性文學與文化研究挑戰受到父權制偏見影響而構成的性別觀念；其三，女性文學與文化研究挑戰父權制影響下對文學作品的標準選擇、等級劃分和批評的範式。因此，女性文學與文化研究注重對文學與文化領域相關問題的重新審視，以期公允地對待女性、女性關注的問題和女性的價值觀。與此同時，女性問題也不能脫離男性問題而存在，文學與文化中的男性傳統、理論與批評中的男權主義話語等，都是女性文學與文化研究觀照的對象。

雖然無論在西方還是東方，女性文學與文化研究的浪潮都是在上世紀60年代之後才逐漸興起，但其發展勢頭一直非常迅猛。自從上世紀80年代女性主義批評傳入中國後，「五四」以來重視女性寫作的傳統又獲得了新的發展機遇與空間，女性文學與文化研究也經歷了理論譯介、本土化和理論創建的過程。女性與性別視角在文學與文化研究中越來越不容忽視。與此同時，在借鑒、審視、批判西方範式的基礎上，中國女性文學與文化研究還存在大量的議題有待挖掘與重視，它在中國歷史與社會語境下的獨特發展也是值得期許的。儘管女性文學與文化的內在勾連緊密不可分，但是目前學界尚缺乏聚焦於這二者的學術刊物。因此，將女性文學與文化研究進行整合極有必要，也是當務之急。並且，隨著社會的發展進步，性別文化在女性文學文本中的表現日益豐富、複雜，在這種情況下，如何在女性／性別研究中，將女性文學研究與性別文化研究更為有效地聯繫起來，讓二者互為關照並推動女性文學／文化研究的發展，是刊物需要考慮的首要問題。對於文學性與文化性二者的兼容，《中國女性文化研究》主要體現在刊物定位、欄目設置和編輯團隊這三個方面。

首先，《中國女性文化研究》的定位包括「內容定位」、「讀者定位」、「作者定位」、「編輯定位」這四個方面。其中，內容定位是從學術與現實兩個層面，對最前沿、最具深度的女性／性別歷史與現實問題作全面、深入地呈現的純學術期刊。在此前提下，改刊後將以前的諸多欄目精簡為五個：「理論探索與批評」、「文學專題研究」、「文化專題研究」、「特稿」、「綜合」，其中，前三個屬於固定欄目，後兩個屬於非固定欄目。

這五個欄目中，「理論探索與批評」、「文學專題研究」、「文化專題研究」三個固定欄目涵蓋女性文學與文化研究範疇內的各個領域，包括性別理論與批評、中外女性（主義）文學研究，以及性別研究視閾下的文化研究和媒介傳播研究等，力圖展示華語學界在相關領域最前沿、最具深度的學術探索，以期挖掘、提出和探討女性文學與文化研究的各種學術問題，所刊文章皆要求符合學術論文標準。非固定欄目「特稿」主要刊登海內外學界女性／性別研究的重量級專家、學者對相關學術問題的重要探討或重大發現。「綜合」為常設板塊，欄目名稱不固定，根據稿件的具體情況，每期靈活機動地刊發書評、譯介、對話、訪談、創作談、人物評傳等文章。該欄目的設置宗旨是在突出女性文學與文化研究之特色的前提下，補充固定專欄在話題覆蓋面上力所不逮之處，從而多角度、全方位地呈現這一研究議題的廣泛性和深入性。該欄目具有一定的機動性、靈活性和史料性，它既可以刊發在前述欄目涵蓋範圍之外的相關稿件，也可以設置為臨時性的專題，以保持對本領域研究發展動態的及時跟進。總之，《中國女性文化研究》的欄目設置和文章遴選，既立足於中國本土語境，也力求體現跨文化視野，挖掘和探討女性文學與文化研究的重要問題。

根據上述五個欄目，我們組建了一個彙集了文學研究、文化研究與傳媒研究的學者化十人編輯團隊，該編輯團隊的所有成員都是博士，並且在高校從事相關的教學研究工作。其中，「理論探索與批評」由文藝理論、比較文學方向的兩位老師負責，「文學專題研究」由中國近現代文學、中國當代文學、台港澳暨海外華文文學方向的三位老師負責，「文化專題研究」由性別媒介傳媒、文化產業、影視戲劇方向的三位老師負責，「綜合」欄目則由傳媒出版、文學與文化研究的兩位老師負責，而「特稿」這一欄目則根據稿件的內容由專業方向對口的老師負責。由此可見，該編輯團隊涵蓋了所刊物定位的相關研究領域，為刊物在不同研究領域內的拓展提供了保障。

二、歷史性與當下性的兼容

人類的歷史文明是由男女兩性共同創造而成的，然而在歷史進程中，一種以家庭倫理為基礎，所形成的制約女性行為與思想的倫理規範，卻一直讓女性處於被統治與被壓迫的狀態。這種不平衡的發展狀態使女性文化逐步淪為男性文化的附庸，束縛了女性文化的發展與進步。《詩經・小雅・斯干》載：「乃生男子，載寢之床，載衣之裳，載弄之璋，其泣喤喤，朱芾斯皇，室家君王。乃生女子，載寢之地，載衣之裼，載弄之瓦，無非無儀，唯酒食是議，無父母詒罹」。[4]在這種長期的男尊女卑觀念的影響下，女性逐漸失

[4] 周振甫：《詩經譯注》（北京：中華書局，2002），頁285。

去了維護自主權利的意識，她們自覺地順從和維護這種意識形態，女性創作與女性文化也因此受到排擠與牽制。五四新文化運動時期，《女學報》、《新婦女》、《中國女報》等一批女性刊物和女性報紙的創辦，讓女性文學與女性聲音開始出現在歷史舞臺上。在這種文化氛圍的影響下，一部分覺醒女性開始尋求自己的基本權利，她們用筆寫下自己真正的心聲，說出自己內心的感受與想法。

當下的女性文學，女性意識已有了很大的飛升，女作家們在創作中不僅表現了對男性話語的反叛，更表達了自身追求自主獨立人格的信念，展現出社會時代整體框架下女性意識的整体覺醒。女性文學的研究，需要我們將目光放到歷史的發展以及當下女性話語的表達上，我們不得不承認，女性文學自形成之初，其文學精神便與時代共生。在「五四」新文化運動中，真正意義上的中國女性文學崛起，「它以敏銳的生活洞察力和豐富的藝術感覺，展現女性經驗，變現女性尊嚴，體現了風度的思想內涵和多元藝術審美追求，為整個中國文學視野的發展做出了可貴貢獻。」[5]從冰心於30年代創作的「問題小說」，到丁玲《莎菲女士的日記》書寫女性之聲，再到震撼文壇的翟永明組詩《女人》，以及90年代陳染、林白生命體驗書寫，和近年來徐小斌的《羽蛇》、趙玫的《我們家族的女人》、鐵凝的《大浴女》、王安憶的《長恨歌》等，我們可以看到女性寫作在歷時性發展中取得的建設性成就，這樣的發展並非一蹴而就的，而是源於當代女作家對歷史性與當代性的彌合。儘管她們的書寫姿態各不相

[5] 喬以鋼：〈論中國女性文學的思想內涵〉，《南開學報》，2001年第4期。

同，但其中所蘊含的為女性衝破束縛、求得解放的真摯願望卻是相同的。她們力求從中完成女性個人與歷史的對話、改變男性敘述的固有觀念、呈現女性自我的命運和情感。

在女性主義批評家看來，歷史是有「性別」的，徐坤認為王安憶的《長恨歌》就是「以『做舊』的色彩，完成了一次女性歷史生命的鉤沉。」[6]除了展示女性的生存之外，它有著更多的意義與價值，即對歷史的重新解讀。因為「這樣的歷史可以製造出比『歷史一如既往』更多的東西」[7]，它以女性的生命體驗為內核，將女性被排斥與歷史之外的壓抑的痛苦展現出來，還原歷史中本應該有的女性經歷，揭開面紗掩蓋下的苦痛，從而理解中國女性的成長史和精神發育史，從而釐清女性／性別問題是如何歷史來到當下的。如何在這個時代呈現歷史和當下生活，使刊物既有歷史維度，又能觀照現實，這主要體現在「理論探索與批評」、「文學專題研究」、「文化專題研究」這幾個固定欄目和非固定欄目「綜合」的細分上。

「理論探索與批評」欄目以性別理論探索與女性主義文學批評為主題，旨在多角度展示華語學界在性別理論與女性主義文學批評領域生產的最新學術成果，以寬廣的學術視野、深切的人文關懷、鮮活的學術思考，呈現女性主義批評的文化視域，解析性別理論領域的關鍵問題，把握相關研究的前沿趨向，推動中國女性文學與文化研究向縱深發展。

---

[6] 徐坤：《雙調夜行船——九十年代的女性寫作》（太原：山西教育出版社，1999），頁108。

[7] 裘蒂・勞德・牛頓：〈歷史一如既往——女性主義和新歷史主義〉，張京媛主編《新歷史主義與文學批評》（北京：北京大學出版社，1993），頁204。

該欄目將聚焦和深耕五大方向的學術問題，邀請相關領域卓有建樹的研究者和有志於性別研究的青年學人於此發表有洞見、有深度、有新意的學術文章：1、西方學界女性主義文學批評的譯介與審視；2、華語學界女性主義文學批評的評述與自省；3、女性主義理論、性別理論既有成果的梳理與鉤沉；4、性別研究領域重要理論問題的前沿探索與新穎創見；5、性別研究問題意識下的經典理論重釋與關鍵概念重構。該欄目的稿件不僅包括那些圍繞文學批評文本和女性主義理論文獻展開研討的論文，而且包括那些在性別研究的問題意識下對美學史、哲學史、思想史的經典著作、重要流派、重大思潮以及關鍵範疇、著名命題、基本範式展開重新思考與批判性對話的論文。

「文學專題研究」欄目以文學中的性別問題為主，包括女性文學研究、文學文本中的性別議題研究，以及作家性別意識和作品中的性別問題研究等，力圖在文學研究與性別文化之間建立交叉互文的研究與探索。該欄目尤其關注具有歷史感、能從歷史脈絡與文學史脈絡的宏觀視野中提出問題、探索問題的研究成果。並且，該欄目關注的歷史視野和問題意識並不僅僅指向既定歷史，也指向——甚至更指向在歷史縱深視野中觀察到的、豐富鮮活的當下問題，指向那些不斷出現、有待研究者發現、思考和回應，以使之接續或重寫歷史的當下問題。該欄目聚焦的議題主要包括以下方面：1、華語文學（大陸、港澳臺及海外華文文學）的女性與性別問題研究；2、世界文學中的女性與性別問題研究；3、女性／性別研究視域下的文學史梳理與鉤沉；4、性別理論視域下的作家身分與意識研究；5、性別研究視域下對文學經典的重讀。簡而言之，該欄目既涵蓋著對過去的凝視和反思，更指對新的歷史的生產和創造，力求通過這種縱橫交織的研究視域，在一個較為廣闊深厚的歷史、現實文化語境中，對文學中的女性／性別問題作全面且深廣的呈現，使性別視域下的文學研究成為對有效知識的生產和創造。

「文化專題研究」欄目以女性／性別研究問題意識下的文化現象與文化載體為中心，聚焦於全球範圍內文化及其傳播中的歷史與現實、理論與實踐、載體與內容、生產與消費、傳播與效果等議題，旨在以鮮明的性別視角，扎實的理論基礎、深邃的歷史意識，以及敏銳的現實觀察，深挖其中有關女性文化、女性主義傳播、性別觀念發展等相關問題。該欄目關注的主要議題有：1、古今中外各種與女性、性別相關的文化及傳播現象的研究；2、對於各種媒介載體上的兩性形象呈現與性別話語表述的研究；3、文化與媒介研究中的性別觀念變革、女性主義歷史鉤沉與理論建樹；4、性別視域下的文化產業生態、大眾文化案例、青年亞文化動態的研究。該欄目同時注重選題的基礎性與前沿性，既徵求有突破、有創新的基礎性文化研究論文，也歡迎能夠反映女性文化研究領域的最新話題、最新動向的論文。

可以看出，以上三個固定欄目從不同的角度出發，對性別理論及女性文學與文化的研究，既有關於歷史的梳理與鉤沉，也有對於當下熱點問題和新問題的關注，以及在新的語境下對經典的重新闡釋，對歷史建構過程的「考古」研究，這都體現了歷史性與當下性的有機結合。

此外，尤其值得一提的還有「綜合」欄目。該欄目選用稿件的基本原則為：1、求新——關注學術界、創作界的新人新作、關注新的社會文化現象、關注經典話題的新研究和新視角；針對新的議題，作者可以自組專題投稿，如果問題意識與作品品質俱佳，可以以組稿形式錄用，不定期以專題呈現。2、開放——因為「求新」，故難免有不夠成熟之處、有值得商榷之處，該欄目力求提出一些新的研究議題與觀點，以期能夠引發讀者、引起學界對於相關領域不同觀點的學術爭鳴，該欄目將不拘一格地提供發表平臺。3、多元——除學術論文之外，舉凡海內外與女性／性別文化有關的書評、譯介、訪談、創作談、人物評傳也都可以納入該欄目當中；來稿不厚古也避免一味崇今，力求兼具思想性與可讀性。這一非固定欄目，除學術論文之外，舉凡海內外與女性／性別文化有關的書評、譯介、訪談、創作談、人物評傳都納入當中，無論是對相關學者的訪談，還是作家的創作談，亦或相關研究的書評，這些極具「當下性」的文章，經過時間和歷史的沉澱之後就成了史料。因此，這也是刊物歷史性與當下性兼容的極好體現。

三、理論性與實踐性的兼容

理論與實踐的關係問題是馬克思主義理論產生的歷史前提和現實基礎，更是廣大人民群眾認識世界與改變世界的「偉大的認識工具」。馬克思在《1844年經濟學哲學手稿》中談到「理論的對立本身的解決，只有通過實踐方式，只有借助於人的實踐力量，才是可能的。」[8]女性主義作為一種

[8] 馬克思、恩格斯：《馬克思恩格斯全集（第42卷）》（北京：人民出版社，1979），頁127。

研究性別與權力的理論學說，其本身就是女性主義理論與女權運動相結合的產物，這恰恰印證了馬克思的學說。

恩格斯根據瑞士人類學家巴霍芬（Johann Jakob Bachofen）的考察，認為原始的人類是母權制的，婦女在社會中佔據絕對主導地位。但是隨著財富的增加，母權制社會很快被推翻，丈夫在家庭中的地位開始比妻子更重要。恩格斯說：「母權制的被推翻，乃是女性的具有世界歷史意義的失敗。丈夫在家中也掌握了權柄，而妻子則被貶低，被奴役，變成丈夫淫欲的奴隸，變成單純的生孩子的工具了。」[9]縱觀人類社會歷史發展，不難發現，歷史就是男性佔據統治地位，婦女被排除在社會結構之外的建構，不論家庭、國家制度的建立都是以男性為中心。正是由於男權文化的壓制，18世紀開始出現了女權主義並先後產生了三次浪潮。第一次浪潮是19世紀末到20世紀20年代，此階段以自由主義女權主義為代表，在這次運動中西方主要資本主義國家的婦女取得了選舉權；第二次浪潮是20世紀60年代末70年代初，資本主義國家興起的以男女同工同酬、道德觀念上的男女平等為目標的權利運動；第三次浪潮是20世紀八九十年代，在西方後現代思想的影響下產生的、以後現代女權主義為主要代表的女權運動。這次女權主義浪潮由於涉及到了文化和意識形態的領域，因而對世界婦女解放和發展起著重要的影響。[10]

這些不同時代的女性運動，促生了紛繁複雜的各種女性主義流派，有自由主義女性主義、基進女性主義、馬克思主

[9] 馬克思、恩格斯：《馬克思恩格斯選集（第4卷）》（北京：人民出版社，1995），頁54。

[10] 王淼：〈後現代女權主義理論的產生及對我國的意義〉，《蘭州學刊》，2006年第7期。

義女性主義、社會主義女性主義、後殖民女性主義、後現代女性主義等等。雖然，這些不同流派女性主義的政治主張、理論觀點各不相同，但探討婦女解放的理論與實踐卻各具特色，彼此之間形成互補，傳遞了不同階級、不同種族、不同國度的女性群體的心聲。由此可見，女性主義產生於社會生活的壓迫中，又通過「女權運動」反作用於社會生活，實現婦女的政治、經濟、婚姻、教育等方面權利的爭取。與此同時，隨著女性意識的不斷覺醒，女性主義理論的不斷被接受，婦女開始要求平等解放，有識之士們也將理論放諸到生活中去，解放女性，爭取政治參與權、成立婦聯、創辦婦女報刊等活動紛紛湧現。而女性學者、女作家們也以敏銳的文學嗅覺表達女性關切，例如維吉尼亞‧吳爾夫的《一間自己的屋子》、西蒙‧波娃的《第二性》等，這些書籍或是描寫女性的社會生活現狀，表現女性解放的意識，或是通過生活實踐總結經驗，將源自女性運動的實踐經驗總結上升到理論層面，從中剝離出理論知識，來反映女性面對的生存現狀。這些優秀的文學文化作品的巨大影響，也進一步推動了女性主義的發展壯大。

隨著女性主義傳播與發展，各類女性刊物如雨後春筍一般冒出。其中，有不少都定位模糊，內容空洞，淡化理論色彩，更強調視覺上的「豐富多彩」、「充實好看」。然而，歷史上優秀的女性刊物多是實用的女性知識理論與實踐性指導相結合的。如日本出版史上最早的女性刊物《青鞜》，就以女性文學為出發點，後發展成為書寫女性思想覺醒的女性解放理論刊物，還包括了女性問題論爭，提出了許多尖銳的社會問題。還有民國時期出版時間最長、影響最大的女性刊物《婦女雜誌》，自創刊起便注重西方女性的參照價值，其借助雜誌媒介的話語條件所形成的討論場域，促使女性不自覺地自我覺醒，以適應新社會的要求。還有上海淪陷時期，由中日兩國女性合作編輯的刊物《女聲》，不僅有開拓婦女視野的各种知識，還介紹國內外婦女的生活，并以木刻形式反映底層婦女的生活，揭露女性在社會和家庭遭遇的種種不平等，替女性發聲。此外，還有《女子世界》、《婦女時報》、《婦女導報》等一大批出版時間長、影響大的女性刊物，大都以女性問題為主打，將扎實的理論作為支撐，把女性理論與文化實踐相融合，對於讀者既有現實意義和可操作性，也能提升思想意識。因此，編輯女性文學與文化研究性質的刊物一定要兼顧理論性與實踐性。

本刊既注重理論的傳達，注重性別問題的理論討論，以性別理論探索與女性主義文學批評為主題，多角度展示華語學界在性別理論與女性主義文學批評領域生產的最新學術成果，以寬廣的學術視野、深切的人文關懷、鮮活的學術思考，呈現女性主義批評的文化視域，解析性別理論領域的關鍵問題，把握相關研究的前沿趨向，推動中國女性文學與文化研究向縱深發展。與此同時，又注重刊物的實踐性，以求在傳統男性話語權的體系下，重新審視文明史當中的文化實踐，深入探究文學和批評的社會與文化語境，並且向人文學與社會科學的傳統觀念提出新的挑戰。

在前面所提及的三個固定欄目中，每個欄目都力圖理論結合實踐，有知識性、有指導性、有操作性、有社會價值、有實踐意義。以改版後刊物第1期所刊登的文章為例，不同欄目的文章都呈現了刊物理性與實踐相兼容的特點。

其中，「特稿」和「理論探索與批評」欄目共刊登了4篇有關女性／性別理論探討的文章。其中「特稿」刊登的喬以鋼〈語境與文學的性別研究〉一文，以「語境」作為關鍵字，圍繞20世紀80年代以來中國文學研究界的諸多性別理論譯介者與女性主義文學批評家就「語境」問題展開的思考及實踐，對於我們思考中國特定的社會文化語境與中國文學界的性別研究之間的關係，進而嘗試建設一種既能參與國際文化對話、又具有本民族文化特徵的性別理論產生了良好的助益。

「文學專題研究」欄目共刊登了7篇文章，沈慶利的〈「男性的弱化」與「女權」的困境——中國女權主義的一種反思〉一文，以寬廣深厚的現當代文學研究視域，指出「自由」與「平等」是現代中國思想中極其重要的兩個核心概念，對它們的理解包括誤讀，在整個現代中國思想史和現代歷史實踐，尤其是女性問題所產生的深遠影響。並進一步結合中國現實情況，談由於中國社會缺乏西方深厚的個人主義文化傳統，西方女權主義在中國的「適用性」及如何與本土文化傳統加以「對接」等問題，對於女權主義實踐性的本土化問題的討論有著深刻的見解和前瞻性的眼光。而梁麗芳的〈大陸文壇的三代女作家——宗璞、戴厚英、徐小斌〉、錢虹和胡璿的〈遲子建中短篇小說的女性形象解讀〉、樊洛平〈歐華文學版圖中的女性書寫〉、劉紅英〈「他者」倫理學視域下的存在鏡像——林湄小說論〉這些文章，都是理論分析與文本解讀相結合，對當代視域下的大陸、台港澳及海外華文文文學進行了探討分析。而段崇軒的〈「新經典」的探索與構建——評王安憶的小說理論及創作〉，從文章名便可知曉這是理論探討與創作實踐相結合的文章。

此外，第1期的「文化專題研究」欄目共刊登5篇文章，涵蓋了流行文化、媒介、傳播等文化研究領域，主要是借用相關理論對女性形象、流行文化等議題進行了多面的探討。以〈女性參與、情動理論與作為社會症候的偶像文化〉一文為例，該文借用德勒茲的「情動」概念，深入分析了我國深受互聯網媒介塑造的娛樂偶像文化，提出了女性粉絲的自我建構實質是階層文化分層的觀點。總之，該欄目的5篇文章通過畫報、影視、廣告等媒介對於過去的文化現象、當下文化熱點問題進行剖析，來討論女性身分、形象的構建，文章對於社會文化現象與媒介傳播二者的關注和研究，既有側重，又有交叉，充分體現了文學理論來源於社會生活實踐，又反作用於指導社會生活。

總之，上述不同欄目的文章，無論是對理論的探索、對文學文本的解讀、對文化現象的分析，都從各自的視角出發審視女性文學／文化的理論探索或文本實踐，從而表達對於女性或性別問題的獨特見解。

結語

綜上所述，本刊廣泛關注文學與文化領域內女性／性別的各項議題，同時又堅守純學術研究集刊的定位，博而不雜。既通過文化性與文學性、歷史性與當下性、理論性與實踐性的兼容，讓刊物具有廣博的學術視野，同時又緊扣女性文學與性別文化研究，凸顯了刊物術業有專攻的學術特色。雖然我們的刊物還存在諸多不足，但是作為純學術集刊，本刊致力於推動女性文學與性別文化研究，著力搭建海內外女性文學文化研究和實踐經驗的交流平臺。本刊期待，思想能在這裡火光閃現，學術能在這裡沉潛載物。全體編輯將秉持對學術的敬畏之心、對社會的擔當之責，不斷增強刊物的學術內蘊和提升刊物的文化品位，為促進社會的進步和推進女性文學與文化研究的發展盡綿薄之力。

世代詩選的出版選題研究

陳進貴
小雅文創總編輯

一、前言

文學選集的編纂出版做為向前行者致敬，也向文學史叩關的一種方式。現代詩做一種獨特的文類，努力擺脫傳統格律束縛的同時也希冀成為別樹一幟的文學體裁，無疑可視為獨立的文學形式，與傳統詩分庭抗禮。臺灣現代詩自一九二〇年代以來，文學思潮幾番更迭，風起雲湧。結社發行詩刊與出版個人詩集可說是詩人最能體現自我詩學實踐，同時也是向外宣告詩史領地的方式。各類詩選也如同提出詩人履歷，向文學史叩關展示詩學專業的路徑。白豐源《張默編選現代詩之研究》中，將張默歷來編輯詩選分成主題性詩選、總集型詩選、年代與年度詩選等三種。[1]楊宗翰〈世代如何作為方法——詩學研究取徑的一種可能〉中則將臺灣主要詩選分為：年度詩選、同仁詩選、主題詩選等三類[2]，兩者所

[1] 白豐源：《張默編選現代詩之研究》（嘉義：國立嘉義大學中國文學系碩士論文，2013），頁46。

[2] 楊宗翰：〈世代如何作為方法——詩學研究取徑的一種可能〉，《當代詩學》第13期（2019年4月），頁137。

指稱與分類方式容或有些許不同，但共同點則是以年度、年代或世代為主題的詩選，在各類主題詩選中始終具有舉足輕重的角色，同時也是各類主題詩選中最具備「史」的意義。楊宗翰同時指出：「年度詩選肇始於1982年爾雅版《七十一年詩選》，迄今仍持續刊行者為二魚版《臺灣詩選》與春暉版《臺灣現代詩選》。後兩者間重複入選之作者及作品甚少，正反映出編選者在審美偏好、關注題材、文化資本、地域屬性上的差異。同仁詩選則多由各家詩社自行編選或出版，我認為其主要優點有三：一為資料正確度相對翔實、二為替詩社活動與詩刊創作留下刻痕，三為向詩史／文學史撰述者集中展示火力，避免詩社／詩刊不經意被移出討論視域。」[3]他同時針對主題詩選進一步說明：

> 當以「世代」為別之詩選集卸下了詩社的同仁屬性負擔，剩下的是更為直接的觀念訴求——「世代差異」。新世紀以降的臺灣詩壇「世代差異」議題，待「年級」論大興後漸次浮出。……2013年本地詩人顏艾琳（1968-）與對岸詩人潘洗塵（1963-）也合編了《生於60年代：兩岸詩選》，在臺北由文訊雜誌社印行出版。從在地延伸到兩岸，這本詩選集的問世，讓一九六〇世代詩人群（約莫等同「五年級詩人」）有了同台並比、競技的可能。
>
> 先行的《臺灣七年級新詩金典》和《生於60年代：兩岸詩選》都是「一書絕命」，沒有後續，難謂影響。

3 同上註。

以詩人所生世代為別、訴求世代差異的選集，竟是由後至的景深空間設計（小雅文創）「世代詩人詩選集」攬起重擔，依出版次序分別為：《一九六〇世代詩人詩選集》（2014）、《臺灣一九五〇世代詩人詩選集》（2016）與《臺灣一九七〇世代詩人詩選集》（2018）。[4]

依前述分類，在臺灣出版的詩選中，主題式詩選向來系譜繁雜，包括以性別為議題的女性詩選與同志詩選[5]、以詩的型態作分類的情詩與小詩選、以齒序或時間分類的青年詩選與年代詩選等。以「世代」為議題選編的詩選，寬以言之1998年出版的《新世代詩人精選集》[6]可視為前行者。但真正以世代命名則始於《1960世代詩人詩選集》。[7]

但一本詩選的出版除了提具文學史上所肩負的使命，在出版意義的沿革中又該賦予怎樣的意涵？張紋瑄在《甚至與書無關：出版作為（藝術）實踐》中探討藝術創作的實踐與出版的關係，並以《現在詩》[8]為例指出：

這些實驗總是回到《現在詩》的宣言，不間斷地叩問，逼近詩的邊界，並也因為如此，讓詩不會僅僅是

[4] 同上註，頁139。

[5] 臺灣出版以性別為議題的詩選繁多，譬如李元貞主編《紅得發紫：臺灣現代女性詩選》、利文祺主編《同在一個屋簷下：同志詩選》等。

[6] 簡政珍主編：《新世代詩人精選集》（台北，書林，1998）。

[7] 陳皓、陳謙主編：《1960世代詩人詩選集》（新北：小雅文創，2014）。

[8] 《現在詩》創刊於2002年，成員包括阿翁、零雨、夏宇、曾淑美、鴻鴻等，每期都以截然不同的獨特方式出版詩刊，譬如海報、日曆、時尚雜誌等受到矚目。

審美對象。《現在詩》的實踐有個更重要的示現在於，他們豐富、精彩的形式變化並不在於為了變而變、為了跨領域而跨領域，而是每一次的出版都更專注在初衷；這些變都是為了更深入，超越「詩」的內在需求。在閱讀《現在詩》及瞭解他們的實驗內容之後，我不禁想，若將「詩」換成「藝術」仍然適用，而且比不少當代藝術作品都還更當代，在這些出版實踐中，詩人差異化了詩人，詩差異化了詩。[9]

這段論述或直接或間接地說明一本詩選的出版，除了呈現作者的詩觀與編者的出版美學，更重要在還原出版一本詩選的原始意義，作者與編者都在這個過程中，重新檢視各自在文學創作與文史建構的初心。

二、如何世代？

年代與世代是二種不同的概念，在文史上更具有不同的指稱意義。臺灣現代詩發展的分期說，不論是以嘗試、草創、開展或成熟期，似乎是較偏於概念式的說法；如以詩人為對象的分期方式，大致上也不離以前行世代、中生世代、新生世代；或者是前行世代、戰前世代、戰後世代、新生世代的分法，基本上仍稱不上精確較屬為簡略式分法。羅青在1985年發表的〈專精與秩序——草根宣言第二號〉中將臺灣

9 張紋瑄：《甚至與書無關：出版作為（藝術）實踐》（台北：國立台北藝術大學藝術跨域研究所碩士論文，2018），頁45。

詩人劃分為四個世代[10]，以民國元年至十年間出生者為第一代，民國十年至三十年間出生者為第二代，民國三十至四十五年出生者為第三代，民國四十五年以後出生者為第四代。之後又在《日出金色——四度空間五人集・總序》中做了調整，將前述「四代」的論述改為「六代」，約略以十年為一代：出生於民國四十年以前的詩人為第四代，生於民國五十年以前為的第五代，民國五十年以後為第六代。可算是對臺灣現代詩作出較為明確的世代劃分。

表一　臺灣詩人世代劃分法

〈專精與秩序——草根宣言第二號〉將臺灣詩人分為四代：

第一代詩人	民國元年至十年間出生者為第一代
第二代詩人	民國十年至三十年間出生者為第二代
第三代詩人	民國三十至四十五年出生者為第三代
第四代詩人	民國四十五年以後出生者為第四代

《日出金色五人集》將臺灣詩人分為六代：

第一代詩人	民國元年至十年間出生者為第一代
第二代詩人	民國十年至二十年出生者為第二代詩人
第三代詩人	民國二十至三十年出生者為第三代詩人
第四代詩人	民國三十至四十年出生者為第四代詩人
第五代詩人	民國四十至五十年出生者為第五代詩人
第六代詩人	民國五十年以後出生者為第六代詩人

但此一世代論述是否真可成為詩人世代劃分的依據，可

[10] 羅青：〈專精與秩序——草根宣言第二號〉，《草根》復刊1期（1985年2月），頁1。

能仍有不少討論的空間。因為一位詩人與其作品的養成從啟蒙、成長到進入成熟期動輒數十年，其中更可能經歷來自社會政經變動，與原生家庭生活、經濟、情感等因素的洗鍊與影響，非是一朝一夕之功。譬如以一九六〇世代詩人而言，從其出生的1960-1969年將近十年的跨距，在歷史長河中的視野來看當然不值一哂，但就同一世代詩人而言，相信仍有一定的差距與影響。每一世代詩人歷經從生澀的求學過程，大約在中學至大學階段接觸到現代詩進而開始創作；如果以大學階段至下一個十年間作為普遍的成長階段，亦即出生一九六〇世代的詩人，在1980至1999是他們在詩學上成長的年代。但這時期也是臺灣社會從政治戒嚴進入到解嚴的動盪時期，政經時局的轉變、言論自由開放的衝擊，無疑會帶給該世代詩人創作上很大的影響，這是一種砥礪也是新局的開創。但處在相同時空背景下的一九五〇世代甚至更前面的一九四〇世代詩人們也同樣面對相似的外在社會影響，所不同的是在各自的生活成長背景也型塑出不一樣的作品樣貌。因此每個不同的文學世代，理當也因其所處之生活與政經條件的不同而產出不同的詩學作品。換言之，如果能從中觀察不同世代詩人，因共同的生活經驗與外在政經條件影響，讓作品風格產生集體差異，這才是詩史上以詩人世代作為一種劃分方式的意義。

　　但羅青與後來林燿德接續倡言的「詩人世代論」對詩史而言似乎並不是那麼大興波瀾，反倒是顯現在其力推的後現代文學具有相當關連性。首先羅青在「草根宣言」中所謂的第四代詩人，或是《日出金色——四度空間五人集・總序》中定義的第六代詩人，皆是以民國五十年以後出生的詩人為準。同時該書總序〈詩與後工業社會：「後現代狀況」出現了〉[11]中所說的正是這第六代詩人；此外，林婷在〈四度空間發刊詞・八十年代的詩路〉中所自許的「第四代」詩人也是呼應羅青所提出的世代論。[12]林燿德從1986至1996年所出版論述之作《一九四九以後──臺灣新世代詩人初探》、《不安海域──臺灣新世代詩人新探》、《期待的視野》三書共計四十二篇作品評述，討論的詩人計有四十人，其中除了羅青、汪啟疆、陳明台、蔣勳等四人外，其餘均為林燿德所定義「戰後世代」或是出生於1949年後的「新世代詩人」。綜合前述羅青世代論中的第六代詩人或是林燿德所稱的「新世代詩人」的連結都是指向他們所力推的後現代文學。反倒是前面第一代至第五代詩人著墨不多，甚至針對臺灣詩人的世代劃分，在歷來各文獻上的討論有相當有限，此或因詩人世代論述的背後終究缺乏一個實踐與實證的基石或成績。如從這點來看，臺灣世代詩人詩選集的出現，再連接到世代詩人的論述才比較可顯現出另外一種文史上的意義──以世代作為詩史的斷代劃分方式。這當也是編輯出版「臺灣世代詩人詩選集」最主要的意義。

[11] 羅青於《日出金色──四度空間五人集》總序，以〈後現代狀況出現了〉為題，論述四度空間詩人在後現代詩上的表現，「大體來說，他們似乎還沒有找到一個能夠有力處理後現代社會的內容與形式……他們的作品，還是在『現代主義』的邊緣地帶掙扎，偶有十分漂亮的斬獲」。見《日出金色──四度空間五人集》（台北：文鏡，1986），頁3-19。

[12] 林婷：〈四度空間發刊詞：八十年代的詩路〉，《四度空間》創刊號，1985年5月。

三、詩選的歷史意涵

一部詩選的匯編與出版，要如何才能彰顯文史上的意義？如果說以世代作為斷代劃分依據，每一世代作品所呈現的樣貌正適足以確切作出說明。但從另一方面來說，一部詩選的樣貌當然也取決於編選者的文史內涵與美學觀，正如楊宗翰從爾雅版《年度詩選》與春暉版《臺灣現代詩選》觀察到兩者間重複入選之作者及作品甚少，正反映出編選者在審美偏好等方面的差異。[13]楊松年〈詩選的詩論價值：文學評論研究的另一個方向〉中說：「從那個立場、那個角度進行選詩，往往反映了選者的詩觀。」[14]同時指出從選詩觀察選者詩觀的幾個指標：(一)選詩的數量反映了選者的詩觀與對詩人的評價。(二)選錄什麼詩反映了選者的詩觀。(三)如何選詩也反映了選者的詩觀。另外，就詩選編選體例則說明：「一部詩選有三個組成部分：選詩，箋註批點和詩人小傳。」[15]但從2014至2018年先後出版的《1960世代詩人詩選集》、《臺灣1950世代詩人詩選集》、《臺灣1970世代詩人詩選集》等三冊詩選中則顯然與前述所稱選者詩觀美學與選編體例等兩項皆有所不同。首先，這三冊詩選都另外再冠以「銀河詩刊」之名，並且在首輯《1960世代詩人詩選集》序言中指出：「它是詩刊也是詩選，除了名稱是詩刊，

13 楊宗翰：〈世代如何作為方法——詩學研究取徑的一種可能〉，《當代詩學》第13期（2019年4月），頁137。

14 楊松年：〈詩選的詩論價值：文學評論研究的另一個方向〉，《中外文學》第10卷第5期（1981年10月），頁36。

15 同上註。

在實質精神上我們期望是更趨近於詩選。同時，每一冊(期)大致都會是以主題規劃的方式來呈現，有別於以往的集稿方式。」[16]再從後續二輯大多強調這一系列的「詩選」取向，可說姑且不論「銀河詩刊」初始時編者所賦予的意義為何？是視之為一種不同形式的詩刊嗎？但實質上，它應更趨近於出版上為了便於區別各叢刊屬性而制定的書系名稱，與習見的同仁詩刊本質上是不同的。

其次，就編輯體例而言，在《1960世代詩人詩選集》與《臺灣1950世代詩人詩選集》中並未有較明確的交代，除了見諸一份詩選邀稿函外[17]，僅在《1960世代詩人詩選集》序中說：「在編輯的方針上我們大致擇取兩大方向；其一是曾經在一九六〇世代詩人主場的八〇年代詩壇，於創作或活動能量上對詩壇貢獻具指標性代表的詩人；其二是出生於一九六〇世代目前仍持續創作的詩人（但並不設限每位詩人的創作起始點）。也就是說，這一九六〇世代詩人群，有人可能創作經歷長達三十年以上，但也可能有人創作經歷只在區區幾年之數。然而，這並不影響我們取稿的準則，只要是優秀，具世代指標與個人特色的作品，我們都希望可以收錄於選集中。」[18]因此，有關編輯體例在2018年出版的《臺灣1970世代詩人詩選集》中，由楊宗翰執筆的〈世代作為方法：《臺灣1970世代詩人詩選集》主編序〉才有較正式的說明：

---

[16] 陳皓：〈築夢的河——銀河詩刊序〉，《1960世代詩人詩選集》（新北：小雅文創，2014），頁17。

[17] 該〈邀稿函〉中明訂由受邀詩人「自選詩作三至五篇，總行數以100行以內為原則」。

[18] 同註16。

體例調整：仍然採用詩人自選代表作的模式，唯《一九六〇世代詩人詩選集》採取「一人3至5首、總行數100行」，《臺灣一九五〇世代詩人詩選集》擴增為總行數200行，到了這本又縮減為「建議總行數為150行」。作者簡介除了出生年份，亦要求務必提供每本個人詩集的完整書名——因筆者主張，個人詩集是詩人的身分證，「一九七〇世代」未出版過個人詩集者，一開始便未列入邀約名單。[19]

從中得見這三冊「世代詩選」採取的選編方式，乃是先由作品選人再由作者自選作品，另考慮到作品的代表性乃釐訂100至200行的篇幅，希望藉由較多的作品提供更多可供檢視作品的創作美學與詩觀。但前述提到，選者採擷怎樣的作品正足以反映編者的史觀與美學意涵；但在這三冊「世代詩選」詩選中，正好是將擇稿的工作做交回作者手中，由好的一面觀之，這樣可觀察個別作者間不同的詩觀美學，反之，編者的選編立場與角色則顯得模糊。但從另一個觀點來說，如果作者提供足夠的作品讓編者作二次擇稿，不啻也是提供編者與作者在詩觀美學上同場競合的一種方式，當然也提供讀者與詩學研究者更貼近作者與作品的機會。

「世代詩選」在某種層面上來說，雖然一樣界定在主題式詩選的範疇之下，但相較於以單篇作品輯錄而成的詩選，從詩人而作品到詩觀，恰有點「觀其言查其行」的意味。向

[19] 陳皓、楊宗翰編：《臺灣1970世代詩人詩選集》（新北：小雅文創，2018），頁20。

陽〈新浪推湧〉中說：「彙編出生於一九六〇年的詩人群及其佳作，讓我們得以通過詩選了解一個世代詩人的總體創作面向、風格和詩潮；也可以見林又見樹，細品同一世代詩人的各別詩風、詩藝和才情；擴而言之，這樣的世代詩選對應於詩人創作的年代，也可以讓我們觀察世代與時代辯證性的關係：他們如何通過詩反映（或者不反映）他們身處的時代？如何通過詩的書寫與時代進行程度不一的對話？透過世代詩選，我們也可以從詩史的向度，看到不同世代詩人的差異性，以及詩的發展流脈，從而掌握詩的美學變化。」[20]易言之，世代詩選如果要具有文史意涵的與詩史作連結，必然是透過詩人的大量書寫反映時代與世代特色的現象，作品呈現世代相異的氛圍、題材與文字風格。在這樣的條件下，世代整體的歷史意涵才會在作品中被彰顯出來，如此輯成的詩選，才能在世代中呈現出獨特的、具有時代性的歷史意涵。

四、詩選出版的選題策略

詩選是某種特定意義下作為詮釋並連結歷史、人文、情感而問世的產物。不論是聚焦於情詩、小詩、性別議題或是年度詩選，容或主題與性質有別，意義上是一致的。世代詩選也是如此。解讀與研究世代詩選，因為有別於其他主題詩選的選編體例與取稿方式，因此筆者試就結構與內容分析來觀察以「世代」如何作為詩學研究的另一個方向。

《1960世代詩人詩選集》、《臺灣1950世代詩人詩選

[20] 向陽：〈新浪推湧〉，《1960世代詩人詩選集》（新北：小雅文創，2014），頁12。

集》、《臺灣1970世代詩人詩選集》等三冊詩選共收錄104家詩人作品，其中一九六〇與一九五〇世代各三十三家，一九七〇世代則為四十八家。世代詩選編者陳皓曾作出統計[21]，這104家詩人男性約占60.4%女性39.6%，其中女性比例從一九五〇世代占18.2%，一九六〇世代占約33.3%，一九七〇世代占約39.6%。同時進一步說：「一九五〇到一九七〇這三本世代詩選集，確實也看到世代議題下的某些脈絡。譬如《一九五〇世代詩人詩選》中女性詩人在三十三家中僅得其六，所佔比例上不足六分之一，到《一九六〇世代詩人詩選》增為11家，正好是三分之一的比例，《一九七〇世代詩人詩選》中女性詩人更在四十八家中佔了十八席，比例已超過三分一。」

表二　臺灣世代詩選性別比例統計表

	1950		1960		1970	
	人數	比例	人數	比例	人數	比例
男性	27	81.8%	22	66.7%	29	60.4%
女性	6	18.2%	11	33.3%	19	39.6%
合計	33	-	33	-	48	-

另一項關於這三冊世代詩選作品篇幅統計則顯示：一九五〇世代詩選共收錄女性詩人的作品有32篇843行6320字，占詩選總體篇幅的21.2%。一九六〇世代詩選收錄女性詩人的作品則有46篇1036行7627字，占34.8%，一九七〇世代詩選中女性作品更來到113篇2842行22147字，佔全部選錄作品的

[21] 陳皓、楊宗翰編：《臺灣1970世代詩人詩選集》（新北：小雅文創，2018），頁462。

45%。在這項數據中女性在該世代所占人數比例，與選錄的作品的篇幅比例，都有依世代逐次增加的現象。此一現象應與當代女性意識的崛起有關。從近代女性主義的興起，女性在政治、文化、藝術等各領域中，正在悄然地完成某種實質上的改變？這從三冊世代詩選裡確實明顯可看見，性別比例的差異中現出端倪。但是如果僅依此作為論斷依據是否會失之偏頗？事實上不論這三本詩選收錄總數或是單一世代收錄詩人家數，與該世代實際詩人數比例上都仍有一定距離，如說這三冊詩選的出版旨在以世代為分野呈現臺灣現代詩的歷史，則選錄的比例理應更全面方能更加彰顯「史」的意義。但這部分顯然仍需再加以釐清。正如編者陳皓在該文中說：「如果試著以這三輯詩選重新審視，觀察三個世代之間在書寫上的差異與不同的慣性，或許可能透露出其各自在面對不同世代所處政經環境的變異，與文學思潮更替間所帶來的影響，雖然這可能是一種抽樣誤差相當大的觀察，畢竟我們所收錄的詩人及其作品可說僅及於該世代中之一部分」。因此筆者試以「臺灣作家目錄」[22]與三種不同版本的「年度詩

[22] 2007年由臺灣文學館建置「台灣作家目錄系統」，共收錄二千六百餘位作家小傳與十萬餘筆作品目錄。其收錄標準有四：

一、以長期生活在臺灣且從事現代文學創作之作家為主，包括在臺灣出生、成長。

二、曾在此受教育工作與生活，有作品曾在臺灣出版的現居國外之作家。

三、其入選基本條件是需有正式出版一本以上的個人作品集，且其作品已獲文學社群之肯定者。

四、文學社群肯定之條件：

1.獲校園以外的文學獎。

2.年度小說、散文及詩被選入者。

3.九歌文學大系、聯副三十年大系等大系被選入者。

4.文學評論部分要有一定學術地位及研究成果始能認定。

選」[23]彙整出一九五〇至一九七〇世代詩人名單，[24]其中一九五〇世代有110人，一九六〇世代102人，一九七〇世代則為76人；對比《臺灣1950世代詩人詩選集》選錄33人比例上僅及30%、《1960世代詩人詩選集》33人占總數32.4%、《臺灣1970世代詩人詩選集》48人占總數63.2%。其中羅智成、趙衛民、焦桐、歐團圓、夏宇、陳克華、許悔之、也駝、柯順隆、丘緩、田運良等顯為各世代中之重要詩人亦未見收錄，此或為遺珠，同時再以世代詩選中所強調的詩史觀之亦不無遺憾之處。針對此點三冊詩選中曾分別說明：「曾於八〇年代詩壇引領風騷的林燿德、陳克華、許悔之、陳斐雯、曾淑美、柯順隆、陳去非、楊維晨、黃靖雅、董雅蘭等人，在集稿過程中尚因已故的林燿德、王志堃作品授權取得不易；其他或因聯繫上問題、或因部分詩人對作品另有規劃未能選入本詩選實屬可惜。」[25]、「在近百餘位生於一九五〇世代詩人群中，經與詩選共同主編陳謙進行名單初選，再由本刊多位編輯委員幾番協商名單與再三確認後，並擬定收錄作品篇幅與編輯方針，最終順利徵得三十三位詩人同意提供作品，其間部分詩人因作品另有規畫而未能收錄。」[26]、「在幅員遼闊現代詩星圖裡，每一世代動輒以百數計的詩人群，僅能

[23] 年度詩選共分三種主要版本：爾雅版「年度詩選」、二魚版「台灣詩選」與春暉版「台灣現代詩選」。由爾雅出版社於1983年首先出版由張默主編的《七十一年詩選》，現行出版的年度詩選為二魚與春暉等二種版本。

[24] 參見文後附件：臺灣1950-1970世代詩人名錄。

[25] 陳皓：〈築夢的河〉，《1960世代詩人詩選集》（新北：小雅文創，2014），頁18。

[26] 陳皓：〈千峰競秀〉，《臺灣1950世代詩人詩選集》（新北：小雅文創，2016），頁19。

擷取其中一部分而未能窺其全貌不免是一遺憾。」[27]顯見在收錄人數與比例上編者亦有所自覺，對於選錄與授權一直是各類選集中相當重要的環節，非完全任依編者按其自由意志與偏好而行，這也是世代詩選出版上所必須面對與克服的阻力。正如楊宗翰在評論《臺灣1970世代詩人詩選集》時說，該詩選與前二冊世代詩選至少有三點不同之處，其中一點正是「收錄全面」。[28]從附表「臺灣1950-1970詩人選錄人數統計」中一九七〇世代詩人選入世代詩選者，占該世代詩人總數63.2%，明顯高於一九六〇世代的30%與一九五〇世代的32.4%。這說明這一系列的世代詩選的出版，雖然有其所謂「以詩選寫詩史」的懷抱理想，但並非暢然無礙的，在這三個世代的詩人中選輯104家，仍不及總數288人中的三分之一，如依詩人與作品作為世代詩選選錄標準，什麼人與怎樣的詩可以選錄其中？雖說世代詩選的擇稿方式為先選人再由作者自選作品，但從編選體例候選者必須至少出版一本詩集，或曾獲得全國層級之重要文學獎項，又或於該世代的詩學運動中具有重要角色而作品獲推薦者，在這樣的條件下所選錄者當也適足以反映編者的詩觀與美學偏好。

[27] 陳皓：〈以夢想抵達詩的星空〉，《臺灣1970世代詩人詩選集》（新北：小雅文創，2018），頁27。

[28] 楊宗翰：〈世代作為方法〉，《臺灣1970世代詩人詩選集》（新北：小雅文創，2018），頁19。

表三　《臺灣1950世代詩人詩選集》作品收錄及詩人性別比例統計表

	人數	收錄篇數	行數	字數
男性	27	119	4018	33269
	81.8%	78.8%	82.7%	84.0%
女性	6	32	843	6320
	18.2%	21.2%	17.3%	16.0%

表四　《1960世代詩人詩選集》作品收錄及詩人性別比例統計表

	人數	收錄篇數	行數	字數
男性	22	86	1889	15545
	66.7%	65.2%	64.6%	67.1%
女性	11	46	1036	7627
	33.3%	34.8%	35.4%	32.9%

表五　《臺灣1970世代詩人詩選集》作品收錄及詩人性別比例統計表

	人數	收錄篇數	行數	字數
男性	29	147	4376	37642
	60.4%	56.8%	60.9%	63.5%
女性	19	112	2812	21629
	39.6%	43.2%	39.1%	36.5%

表六　1950-1970詩人選錄人數統計

	1950世代詩人		1960世代詩人		1970世代詩人	
	人數	比例	人數	比例	人數	比例
男性	90	81.8%	75	73.5%	45	59.2%
女性	20	18.2%	27	26.5%	31	40.8%
合計	110		102		76	
選入人數	33		33		48	
選入比例	30%		32.4%		63.16%	
男性	27	81.8%	22	66.7%	29	60.4%
女性	6	18.2%	11	33.3%	19	39.6%
合計	33	-	33	-	48	-

以「世代」作為詩選主題，所依據的是「詩人世代論」所界定的意義作為範疇與方針，這其中當然也非殆無疑義，尤其愈接近世代鍛接點其模糊與矛盾愈是明顯可見。陳皓在〈以夢想抵達詩的星空〉裡指出：「我們曾思考著在『世代』的議題下，共同或相似的生活與創作經驗是否能成為編輯詩選的標準之一？因為這其中可能涉入另一個『社群』的議題。即以一九六〇世代詩人而言，大部分在中學或大學的求學階段即已進入創作的軌道，也曾經歷詩社鵲起的1980年代，一同胼手胝足經營社群的過程。但部分詩人並不曾有過這樣的經歷。現代詩在他們生命中的某個時候迸出火花，但不是在1980年代，在歷史情感上或許也因此有了些許差異。」如前述世代詩選出版的其中一個意義，是希望透過這樣的詩選呈現個別世代因當時代社會環境、政治變遷與生活經驗，所帶來作品因共同與相異的影響下產生的風格變異。但就共同經驗而言，愈是接近世

代的分野，產生的歧異也愈大，譬如出生於1960與1959其共同經驗上是否真有兩個世代的落差？或者其實兩者間所面對的，是相同或相似的政經與社會環境，因而在相同與相似的生活經驗中帶給作品風格的影響，事實上是很難據此析辨出兩世代間真正的異同之處。試觀孟樊〈未來是一隻灰色海鷗〉：「在寒冬我將你的十四行詩／拆解，只聽到星球傲慢的回聲／遮蔽了滾燙的陽光／你召喚撒旦直到所有的鐘都停止擺盪／那是末兩行以詩歌施行的巫術／連創傷也不給結痂」[29]與琹川〈瓶中詩・卷六〉：「渲染每一顆水分子／飽滿的玫瑰紅與原野綠／燦爛了整片水域／流速無聲／偶有清脆的碰撞輕響／在向下沉澱的過程／逐漸淡化寂靜」[30]兩詩在氛圍的營造、意象的醞釀與節奏的掌握，實在很難一刀剖開為兩個截然不同世代的詩風。當然，據此以論不同世代詩風轉變的同時，文學思潮的演變與同儕間風格的交互影響，也可能決定身處世代邊緣的詩人其作品風格，究竟更接近何者？這正是世代詩選的出版，所提供給詩學研究者另一個可資檢視與探討的地方，同時在此議題下，世代詩選也方可顯現它的意義。

結語

臺灣現代詩的演進，詩史界線向來多依文學思潮演變與主義流派為分際，詩人多依其宗，「新世代詩人」論述

---

29 孟樊：〈未來是一隻灰色海鷗〉，《臺灣1950世代詩人詩選集》（新北：小雅文創，2016），頁422。

30 琹川：〈瓶中詩・卷六〉，《1960世代詩人詩選集》（新北：小雅文創，2014），頁22。

多少也與「後現代思潮」崛起有關，但自羅青、林燿德、孟樊、須文蔚、楊宗翰等投涉於「世代」的研究，讓詩人世代論開始受到矚目。但不論何種植基於理論的學術主張，在缺乏實證與研究下，論述因而缺少擴散的力道。世代詩選的出版正基於這樣的意義，讓屬於現代詩學的「詩人世代論」獲得實踐而有了實證的機會。在這個基礎上，才有可能通過世代詩選重新檢視「詩人世代論」背後可能的一些問題；詩人面對政治、性別、土地、人性等各種題旨，在不同世代與時代的環境下，會產生怎樣的差異與獲致怎樣的成果？在愈貼近世代的臨界分際，世代的模糊與矛盾是不是會更加明確？世代詩選確能為詩學研究上闢出「詩人世代」的新路徑？針對世代詩選的出版，楊宗翰曾指出其「關注焦點仍是臺灣的詩學研究取徑，以及各世代透過詩選編輯及詩作檢視，究竟會呈現出何種差異？其間的差異，是否能成為觀察、甚至撰寫詩史的一種可行角度？」[31]另一位世代詩選的編者陳皓則說：「我們期許世代詩選不僅在於譜寫與構築一部全然的詩史，也在提供另一種詩學的事典。同時也深盼這三輯世代詩選的出版並不只在於完成，而是在於開啟。」[32]因此筆者在企圖釐清「世代詩選」位於詩學與出版兩個路徑上的意義的同時，出版旨在為詩學研究提供另一種思考與方向探索的可能，同時也作為編者「以詩選寫詩史」之企圖的佐證。但正如楊宗翰在文中指出：「編者、作者、讀者……我們都還『在路

[31] 楊宗翰：〈世代如何作為方法——詩學研究取徑的一種可能〉，《當代詩學》第13期（2019年4月），頁150。

[32] 陳皓：〈以夢想抵達詩的星空〉，《臺灣1970世代詩人詩選集》（新北：小雅文創，2018），頁27。

上』，仍需持續努力將各世代在詩史界定出一個位置」。[33] 或者這才是世代詩選出版最終極的意義。

[33] 楊宗翰：〈世代如何作為方法——詩學研究取徑的一種可能〉，《當代詩學》第13期（2019年4月），頁150。

附錄

臺灣1950-1970世代詩人名錄

1950世代							
次序	筆名	性別	出生年	次序	筆名	性別	出生年
1	江明樹	男	1950	55	沈志方	男	1955
2	杜十三	男	1950	56	林央敏	男	1955
3	林瑞明	男	1950	57	苦苓	男	1955
4	許水富	男	1950	58	徐雁影	男	1955
5	郭成義	男	1950	59	陳瑞山	男	1955
6	馮青	女	1950	60	喜菡	女	1955
7	簡政珍	男	1950	61	趙衛民	男	1955
8	履彊	男	1950	62	盧兆琦	男	1955
9	謝武彰	男	1950	63	羅智成	男	1955
10	林梵	男	1950	64	劉英欽	男	1955
11	寒林	男	1950	65	林建隆	男	1956
12	臺客	男	1951	66	張雪映	男	1956
13	白靈	男	1951	67	游喚	男	1956
14	羊子喬	男	1951	68	焦桐	男	1956
15	李勤岸	男	1951	69	黃智溶	男	1956
16	斯人	女	1951	70	廖莫白	男	1956
17	尹凡	男	1951	71	謝振宗	男	1956
18	利玉芳	女	1952	72	鍾喬	男	1956
19	吳德亮	男	1952	73	歐團圓	男	1956
20	宋澤萊	男	1952	74	葉翠蘋	女	1956
21	李展平	男	1952	75	夏宇	女	1956
22	李瑞騰	男	1952	76	洪致	男	1956
23	林廣	男	1952	77	林彧	男	1957
24	翁文嫻	女	1952	78	林盛彬	男	1957
25	張德本	男	1952	79	初安民	男	1957
26	吳長耀	男	1953	80	張國治	男	1957

27	莫云	女	1952	81	黃恆秋	男	1957
28	陳育虹	女	1952	82	楊平	男	1957
29	陳福成	男	1952	83	劉克襄	男	1957
30	零雨	女	1952	84	翁文嫻	女	1957
31	方娥真	女	1953	85	賴仁淙	男	1957
32	白葦	女	1953	86	方耀乾	男	1958
33	沈花末	女	1953	87	吳明興	男	1958
34	陳義芝	男	1953	88	侯吉諒	男	1958
35	渡也	男	1953	89	范揚松	男	1958
36	楊子澗	男	1953	90	楊渡	男	1958
37	葉紅	女	1953	91	詹義農	男	1958
38	鍾順文	男	1953	92	路寒袖	男	1958
39	天洛	男	1954	93	鄧榮坤	男	1958
40	方明	男	1954	94	楊笛	女	1958
41	王希成	男	1954	95	童若雯	女	1958
42	王添源	男	1954	96	李渡愁	男	1959
43	李昌憲	男	1954	97	孟樊	男	1959
44	陳家帶	男	1954	98	林沈默	男	1959
45	陳寧貴	男	1954	99	孫維民	男	1959
46	陳黎	男	1954	100	莊裕安	男	1959
47	楊澤	男	1954	101	陳建宇	男	1959
48	溫瑞安	男	1954	102	賴益成	男	1959
49	詹澈	男	1954	103	蕭湘	男	1959
50	陳煌	男	1954	104	林永昌	男	1959
51	朱啟華	男	1954	105	楚放	男	1959
52	黃毓秀	男	1954	106	謝佳樺	女	1959
53	古能豪	男	1955	107	葉莎	女	1959
54	向陽	男	1955	108	陳進泉	男	1959

1960世代

次序	筆名	性別	出生年	次序	筆名	性別	出生年
1	王浩威	男	1960	52	路痕	男	1963
2	王廣仁	男	1960	53	也駝	男	1963

3	琹川	女	1960	54	劉三變	男	1963
4	歐陽柏燕	女	1960	55	楊小濱	男	1963
5	曾美玲	女	1960	56	劉金雄	男	1963
6	游元弘	男	1960	57	王耀煌	男	1963
7	阿鈍	男	1960	58	林渡	男	1963
8	李渡予	男	1960	59	丘緩	女	1964
9	柯順隆	男	1960	60	田運良	男	1964
10	秀陶	男	1960	61	陳胤	男	1964
11	楊逸鴻	男	1960	62	劉裘蒂	女	1964
12	瓦歷斯・諾幹	男	1961	63	鴻鴻	男	1964
13	朱少甫	男	1961	64	王志堃	男	1964
14	江文瑜	女	1961	65	張芳慈	女	1964
15	李宗倫	男	1961	66	羅任玲	女	1964
16	沙笛	男	1961	67	蘇善	女	1964
17	胡仲權	男	1961	68	洪維勛	男	1964
18	陳克華	男	1961	69	李癡遙	男	1964
19	費啟宇	男	1961	70	林宏田	男	1964
20	陽荷	女	1961	71	劉裘蒂	女	1964
21	蔡富澧	男	1961	72	李進文	男	1965
22	薌雨	男	1961	73	郭漢辰	男	1965
23	翁翁	男	1961	74	陳晨	男	1965
24	阿廖	男	1961	75	羅葉	男	1965
25	葉子鳥	女	1961	76	黑芽	女	1965
26	竹春	男	1961	77	顧蕙倩	女	1965
27	邱振瑞	男	1961	78	謝建平	男	1965
28	駱崇賢	男	1961	79	方群	男	1966
29	侯皓	男	1961	80	許悔之	男	1966
30	柳翺	男	1961	81	須文蔚	男	1966
31	鍾偉民	男	1961	82	嚴忠政	男	1966
32	廖乃賢	男	1961	83	莊源鎮	男	1966
33	張啟疆	男	1961	84	張善穎	男	1966
34	林燿德	男	1962	85	林則良	男	1967

35	洪淑苓	女	1962	86	劉正偉	男	1967
36	徐望雲	男	1962	87	吳士宏	男	1967
37	謝昭華	男	1962	88	莊元生	男	1967
38	曾淑美	女	1962	89	董雅蘭	女	1967
39	賴賢宗	男	1962	90	紀小樣	男	1968
40	若爾・諾爾	女	1962	91	唐捐	男	1968
41	陳皓	男	1962	92	陳謙	男	1968
42	魏貽君	男	1962	93	顏艾琳	女	1968
43	林翠華	女	1962	94	李宗榮	男	1968
44	白家華	男	1963	95	紫鵑	女	1968
45	辛金順	男	1963	96	愛羅	女	1968
46	張信吉	男	1963	97	方文山	男	1969
47	莊雲惠	女	1963	98	林群盛	男	1969
48	陳去非	男	1963	99	陳大為	男	1969
49	陳斐雯	女	1963	100	蕓朵	女	1969
50	黃靖雅	女	1963	101	劉叔慧	女	1969
51	楊維晨	男	1963	102	張繼琳	男	1969

1970世代							
次序	作家	性別	出生年	次序	作家	性別	出生年
1	王宗仁	男	1970	39	林怡翠	女	1976
2	黑俠	男	1970	40	洪書勤	男	1976
3	可樂王	男	1971	41	孫梓評	男	1976
4	代橘	男	1971	42	潘寧馨	女	1976
5	李癸雲	女	1971	43	湯惠蘭	女	1976
6	侯馨婷	女	1971	44	曾念	男	1976
7	張寶云	女	1971	45	廖之韻	女	1976
8	董恕明	女	1971	46	鯨向海	男	1976
9	李東俊	男	1971	47	黃同弘	男	1976
10	黃玠源	男	1971	48	吳岱穎	男	1976
11	劉坤仁	男	1971	49	吳東晟	男	1977
12	吳音寧	女	1972	50	林婉瑜	女	1977
13	徐國能	男	1973	51	林德俊	男	1977

14	銀色快手	男	1973	52	若驩	男	1977
15	龍青	女	1973	53	楊寒	男	1977
16	高世澤	男	1973	54	伊格言	男	1977
17	丁威仁	男	1974	55	吳懷晨	男	1977
18	凌性傑	男	1974	56	邱稚亘	男	1977
19	姚時晴	女	1974	57	陳柏伶	女	1977
20	范家駿	男	1974	58	解昆樺	男	1977
21	陳宛茜	女	1974	59	廖瞇	女	1977
22	李長青	男	1975	60	布靈奇	女	1978
23	許赫	男	1975	61	楊佳嫻	女	1978
24	李康莉	女	1975	62	藍月	男	1978
25	邱靖絨	女	1975	63	騷夏	女	1978
26	林思涵	女	1975	64	冰夕	女	1978
27	賴佳琦	女	1975	65	蔡宛璇	女	1978
28	伍季	男	1976	66	楊瀅靜	女	1978
29	何雅雯	女	1976	67	吳奇叡	男	1978
30	林志遠	男	1976	68	黃宣穎	女	1978
31	孫梓評	男	1976	69	甘子建	男	1979
32	廖之韻	女	1976	70	陳雋弘	男	1979
33	鯨向海	男	1976	71	劉亮延	男	1979
34	木焱	男	1976	72	曹尼	男	1979
35	王厚森	男	1976	73	德尉	男	1979
36	何景窗	女	1976	74	然靈	女	1979
37	何雅雯	女	1976	75	達瑞	男	1979
38	吳鑒益	男	1976	76	劉哲廷	男	1979

※本附錄參考爾雅版《年度詩選》、二魚版《臺灣詩選》、春暉版《臺灣現代詩選》、小雅版《世代詩選》入選作者資料，與「臺灣作家目錄系統」中創作文類以詩為主之作家資料整理而成。

座談實錄

編輯台上的名編身影
——瘂弦、高信疆與梅新

與談人：

趙衛民（淡江大學中文系教授，曾任職於《聯合報》）

楊　澤（作家、詩人，曾任職於《中國時報》）

張堂錡（政治大學中文系教授，曾任職於《中央日報》）

引言人李瑞騰：

這場座談會討論的三個主要人物——瘂弦、高信疆和梅新，他們都是台灣最頂尖的大編。我只提醒大家，今天要討論《聯合報・聯合副刊》主編瘂弦，不能不提，也不能不去處理《幼獅文藝》、《創世紀》跟《聯合文學》。瘂弦與他們之間的關係都非常密切。要處理《中國時報・人間副刊》主編高信疆，就不能不去看「時報出版公司」，因為他自己本身是「時報出版公司」的總編輯；要處理高信疆，就不能不去處理「龍族」詩社，因為1973年7月第九期《龍族》推出「龍族評論專號」，就是由高信疆主編。那一期帶有運動性的設計，對台灣的現代詩壇影響很大。不僅高信疆給《龍族》編了一個評論專號，楊牧曾經替《現代文學》第四十六期編了一個「現代詩回顧專號」，余光中也為《中外文學》編了一個現代詩專號。這些都是在上世紀七〇年代前期，那樣一個「反現代詩」的氛圍裡面所發生。同樣地，要處理梅新，不能不知道梅新待過正中書局，也編過《國文天地》，還曾經主編過《台灣時報》的副刊。《台灣時報》副刊在梅新的手上，已經跟《中國時報》、《聯合報》的編法幾乎一樣。要處理梅新，還不能不去注意他跟《現代詩》復刊號之間的關係。剛剛提到的這些點，拉出去就是整個文壇。

趙衛民：

雖然個人分配到討論瘂弦，其實我跟梅新還有高信疆都有過從，不妨先提。梅新剛開始是在《聯合報》校對組工作，後來到了副刊，跟我有同事過一段時間。他曾建議報社要辦一個文學刊物，後來就誕生了《聯合文學》。只是天也不從人願，後來總編輯是瘂弦，不是梅新。最後果然他到《中央日報》去任職了。我則是在民國七十七年到七十八年，跟過高信疆。那時我還在《聯合報》副刊做事，國際醫學科學研究基金會成立圓山診所，找他來弄這個中西醫整合的實驗性創舉，也找了我去。

我在民國六十九年就進入了《聯合報・聯合副刊》，算起來跟隨瘂弦有十五年的時間，非常漫長。我剛到報社的時候，對副刊的工作有一種景仰。但剛開始的時候，在副刊工作非常辛苦，在我實習的前三個月，都是從早上十點多，一直做到半夜。一、兩個月後，我就升為正式員工了。主編瘂弦最為奇特的就是，每天晚上都有應酬，大概兩個多鐘頭，回來以後全力盡情工作，從九點多一直到一點。等到我當到正職後過了兩、三個月，找個機會就跟瘂弦講：「主任啊，我這個工作時間太長了。我們這個年輕人啊，需要從早到晚都在嗎？你看報社其他單位，工作都是五個鐘頭；我們呢，從早上十點到下午六點。有一些同仁一直搞到九點、十點，有時候甚至搞到凌晨一點。其他單位啊，早就下班了！」他說：「那這樣好了，以後下午兩點、三點上班好了，到十點。」再過半年以後，我說這個時間還是太長了，瘂弦也是同意，上班時間改為四點。所以至少在形式上，瘂弦非常像一個詩人，一向寬大為懷。對於年輕後輩，瘂弦總有他的溫柔。

詩教就是溫柔敦厚，一個詩人會如何管理副刊事務？他也曾教我寫報告，其實都是他唸我寫，就是我幫他寫報告，也兼著管理人事。其實後來我發現，他對人事的概念，就像是單線領導，每一個人、每一個編輯，彼此所管的事情，其實彼此都不知道。我覺得他有兩面，一面就是詩人，溫柔詩教；但是另外一面，如果說把他跟高信疆相比，我覺得就像歷史上，劉邦跟項羽一樣。他倆是台灣文壇的劉邦跟項羽。

楊澤：

高信疆情感充沛，喜歡說自己上輩子一定是義和團，寫詩的筆名就叫「高上秦」，可見一斑。剛剛衛民兄說，瘂弦跟高信疆，一個是劉邦，一個是項羽。論當年文壇，項羽有點像是新來的獅子，劉邦則是略顯老態的獅子，突然發現這項羽猛啊！這時候，老獅子也開始要迎頭趕上，慢慢就形成了兩大報副刊對決的局面，澈底把《中央日報》副刊邊緣化了。

容我從自己跟高公瘂公結緣的經過講起。我最早在台大外文系讀書，唸研究所時，有幸進了外文系底下的《中外文學》雜誌當個小編輯。那大概是1978到80年間，我不時在《中國時報》發表一點文章和詩，當然瘂公那邊也投稿，而且是大學時代就有。1976年諾貝爾文學獎得主是索爾・貝婁（Saul Bellow），《中外文學》主編蔡源煌老師當時找我翻譯過他的得獎詞。1978年，得主是以撒・辛格（Isaac Bashevis Singer），一個超棒的美國猶太裔小說家，我在《中外文學》作他專輯的同時，瘂公找我去當年的《聯合報》大樓幫忙，澈夜趕出了隔天見報的專題，那也是台灣副刊第一回，高規格迎戰諾貝爾。隔年，1979年，希臘詩人Elytis得獎，高公宣佈加入諾貝爾戰役，煙硝四起，這回我被找去他那邊幫忙。從那之後，兩大報副刊逢每年十月第一個禮拜四（要不然就是第二個禮拜四），全員繃緊神經，因為隔天得大作特作諾貝爾文學獎得主專題，和對方比苗頭，這也是瘂公跟高公，劉邦和項羽，兩人每年儀式性大拚殺的時刻。

兩大副刊鬥得兇時，常會爭著到機場「搶人」，比如說今天白先勇或誰誰誰要回台，就會出動人馬或主編本人親自到機場出境區接機。最早是《中國時報》高公作這件事，後來《聯合報》瘂公也加入搶人行動，但搶人成功也是要付出代價的，大家可以想像，搶人之餘，兩大報主管同時得準備好，以當年而言，數目字驚人的銀子「備戰」。因此高公常在家中設宴款待，叫高級外燴，一擲千金，每個月的交際費之高令人咋舌——這今天聽起來不免有點不可思議，活像他是個交際花似的（笑）。

高公主編《海外專欄》，容許、鼓勵作者寫很長的文章，論文章內涵，影響力（當然也包括稿酬），各方面都是一個創舉。如前所說，高公常在家裡舉行「國宴」（套句王宣一的說法，見《國宴與家宴》），偶爾也請些文壇新秀（譬如我）敬陪末座。談笑有鴻儒的「國宴」大抵都會弄到很晚，當作主客的作家或學者離開前，告辭走到門口，正想推門而出之際，卻發現自己沒辦法馬上移步離開，因為此時掛在門口牆邊的一張畫恰巧吸引了他的注意力。這張畫，可以理解，想像的，最後可能就變成高公絕妙的「順水人情」之作。

七〇年代上半開始，《中國時報》，在文化這個領域上的耕耘開拓可謂有目共睹，這一切主要是透過《人間》進行的，在高公主政下，「副刊」很快不復傳統面目，搖身一變，成了他愛標榜的，獨樹一幟的「文化副刊」、「大副刊」。七〇年代下半，瘂公加入戰局，他出國進修前，一度主編《幼獅文藝》多年，成績斐然，對副刊要怎樣走向「現代化」並不陌生。只是相對說來，高公多了一個準備期。

張堂錡：

我想先談一下梅新這個人，第二輪再談他的編輯理念和實踐。我是1989年進《中央日報》工作的，當時副刊組分為兩個部門，一個是發表文學創作的「中央副刊」，另一個是推廣文史知識的「長河版」。我一開始進去的時候，是在「長河版」。因為「長河版」的編輯需要的是研究生，我那時候正在讀師大國文研究所，因為前一任的長河版兩位編輯同時離職，所以師大國文系的老師推薦兩位年輕人進「長河版」工作。所以我就跟另一位同時進了《中央日報》。我記得剛進去工作的時候，那兩位要跟我們交接的編輯就說：「我們是第三任的編輯。第一任的編輯，大概做了三個月；

第二任的兩個編輯做了半年；我們是第三任做了十一個月。你們兩位現在接這份工作，希望可以超越我們的紀錄。」我說：「沒問題」，結果作到第十二個月、已經超過那個紀錄的時候，跟我一起進去的另外一位編輯，就去人事室那裡拿了離職申請書。他說：「我順便幫你拿了一份。」他拿給我，然後問我為何不填。我回答：「為何要填？」他說：「你喜歡這份工作？」我說：「對，我非常喜歡這份工作，所以不打算離職。」後來另外那位編輯就離職了，我呢，就一直做著，做了九年後把「長河版」在我手中結束。這情況有點像淡江中文系的林黛嫚老師，最後「中央副刊」也算在她手中結束了。

其實梅新在1997年的時候已經生病了，因為病情很重，報社就想要另外找人來接他的工作。那個時候我辦了留職停薪，回家寫博士論文。報社找了我兩次，希望我回來接副刊中心主任的工作。副刊中心底下有「中副」，還有專刊等等。談了兩次，我沒答應。不願意的原因很簡單，因為梅新先生後來就走了，梅新先生走了以後，我就覺得自己在《中央日報》的工作其實可以結束了。當年我進《中央日報》，一年後沒有離職，都是因為梅新先生。那九年的時間，其實是我一生當中非常愉快的一個階段。我在師大畢業之後，到中學去實習了一年，然後當完兵，就去讀研究所。在讀研究所的時候進了《中央日報》工作，拿到博士學位之後，進到政治大學去教書。在我教書生涯裡，其實沒有什麼所謂的「老闆」。我這輩子唯一真正的「老闆」，就是梅新先生。所以他是我唯一的老闆，也是我永遠的老闆。

上個禮拜我在政大主持「文學創作坊」，請了郭強生來演講。郭強生當年也是《中央日報》的編輯之一，我們兩人不無感嘆地說著：「假如梅新先生再多活十年，我們這幾個人的命運將會不同。」他說的「我們這幾個人」，包括林黛嫚、楊明、郭強生和我等等。梅新先生非常可惜，1937年到1997年，只活了六十歲。他是浙江人，十幾歲的時候，隨著軍隊來台灣。只有外婆在撫養他，後來到金門當兵，當完兵回台灣時，外婆就過世了。他的舅媽顯然對他不是很好，所以他那個時候的遭遇可以說是「坎坷」，後來才憑著努力自學，考上了一個師範班。讀完師範班以後，到石門的國小教書。一個國小老師的生活非常貧苦，詩人辛鬱寫過追憶文章，說他去石門找梅新。晚上的時候，辛鬱就睡在門板上，因為梅新家連床都沒辦法給他睡。可見那時候的老師待遇很微薄。但是梅新有他過人的毅力，透過努力自學，他最後考上了文化大學新聞系。

辛鬱曾在一篇文章裡面說，梅新曾跟他講：「有一天我一定要讀大學，而且要娶一個志同道合的女大學生來成家立業。」當時辛鬱以為他在說夢話，沒有想到後來一一都實現了。梅新考上文化大學新聞系，然後進了《聯合報》。他也曾在《台灣時報》跟正中書局任職，並提議創辦《聯合文學》。但最能讓他發光、發熱的，其實是《中央日報》副刊。我覺得他是一位「有自己風景的詩人」。我並不是常常讀詩，但對梅新的一首作品印象深刻，它的題目就叫作〈風景〉。裡頭的句子我到現在都還記得：「我不風景誰風景／昨日黃昏謁風景／今日黃昏謁風景／發現自己更風景／立也風景／臥也風景」。我覺得這首詩表現出了詩人的大氣魄。梅新著有四本詩集，我覺得《家鄉的女人》跟《履歷表》應該是他寫得最好的詩集。瘂弦說過：「梅新是一個用詩來尋找母親的人。」這句話說得非常好，因為在梅新很小的時候，母親就過世了，他其實對母親沒有任何印象。所以他在晚年的時候，不斷寫詩、不斷去寫母親，其實都是一種情感上的回歸跟追尋。

我還記得，經常在辦公室裡面，當所有人都逐漸下班離開的時候，他會把自己桌上那盞小燈點亮，然後從櫃子裡頭，拿出珍藏的高粱酒，再拿幾顆花生擺在桌上，一邊小酌，一邊吃著花生米。我知道那個時候，他一定在寫詩。他有時會把寫完的詩拿給我看一下，當然也有可能拿給林黛嫚看。他對自己寫的東西非常認真，一改再改。有幾次他不好意思地把自己的詩拿出來，對我說道：「你幫我看看，這裡面有沒有不妥的？」據我所知，包括詩人零雨也都看過他的詩作初稿。重新恢復出刊的《現代詩》，也曾請梅新當社長。他對《現代詩》一直有一份熱愛跟使命感。

所以，對我來說，梅新首先是一個「有自己風景的詩人」。其次，他是「大破大立的編輯家」。這位編輯家得過四座金鼎獎，他把《中央日報》的副刊不管從版面的型式，還是文稿的內容，幾乎整個都翻轉了。他在副刊的那段時間，編了非常多叫好又叫座的專欄或專題。第三，我覺得梅新是一個「寬容而溫暖的工作狂」。當時我們這批新進人員沒有編輯經驗，並不被看好，梅新面試時跟我們坐下來聊十分鐘，然後就說：「明天來上班！」。他對我們一直有一種長者的寬容在。即使我們犯了錯，他都從不直接斥責。在副刊這麼多人裡頭，他罵最多的是林黛嫚。他之所以罵她最多，是因為他完全把她當自己人看待；對我，則幾乎從來沒有苛責過。我在「長河版」的時候，編過張愛玲的一篇文章。因為有學者到上海去找張愛玲的故居，拍了一些照片。我還記得登在「長河版」上面時，有一張圖片的一、二、三、四層樓是倒過來的。出了這麼大的錯，第二天很多讀者就打電話過來了。但是梅新當作沒事一樣，他不說。又有一次，我們把一篇文章所有的小標題全部弄錯了。原來是把隔天的文章跟今天的文章顛倒了，所以這篇文章的小標題，完全是明天的另外一篇文章。連社長都告訴梅新：「這個編輯怎麼這樣！今天的文章怎麼這個樣子啊！」我們都以為要挨罵了，但梅新看了我們，完全沒有任何生氣的表情。他只跟我們說：今天的報紙要留下來當作紀念。他就是這樣，是一個非常寬容的人。

《中央日報》每年都會辦「新春作家聯誼茶會」，在過年前要寄非常多邀請函出去。所以每一個編輯在那段時間，都要拼命地寫信封、寫地址等等，寫完趕緊拿到郵局去寄。我記得有一次，不知道是什麼原因，所有副刊組的編輯都有事先後離開，只剩下我留下來。等到把所有的信都寫完，然後再推到郵局寄送時，梅新說：「他們就是懶惰！只有我們兩個人這麼認真！」當我看到他把所有的信都寄出去後，回到辦公室坐在那裡，他那種把一件事情完成、放心了的表情，讓我印象非常深刻。

他的太太是師大國文系已經退休的張素貞教授，也是我的老師。我覺得張老師對他的幫助非常大，梅新在過世之前，把所有的詩稿都整理好，於是就有了《履歷表》這本詩集。書的扉頁上面，他直接題給他的太太；裡頭有許多首詩，其實也都是寫給太太的。他的太太曾經寫文章抱怨過，三十幾年來，梅新從來不記得他們的結婚紀念日。梅新一直把工作擺在第一位，但是其實對太太一直用情很深。李瑞騰老師曾經寫過一篇文章，提及梅新不僅如瘂弦說的「用詩尋找母親」，其實也用詩在愛太太，是真心愛妻的一個男人。

趙衛民：

我想談一下瘂弦和高信疆之間的競爭。剛才我說他們一個像項羽，因為高信疆就是陽剛且非常有氣勢的。在那個年代你看到高信疆，都會非常難忘，因為他那麼帥、辯才無礙，有可以統領整場的氣勢；相對之下瘂弦，年紀就稍稍大了點，氣勢比較含蓄、溫柔，所以正面鬥爭的話，瘂弦當然會吃點虧。可是在暗地裡，我認為高信疆是有理念的，這個理念就是要推著一個時代。倒是那個瘂弦，在兩個人的戰場上只是要贏高信疆，不是要推著時代往前走；高信疆則是有理念，要推著時代往前走。

瘂弦常常是這樣，到六點去吃飯，晚宴結束後到了九點，他說：「不行，今天要換版！」原來是飯局裡聽到一些新的、戰場上的消息，回來就說要換版。有一次換版，整個就換上了旅日的學者王孝廉。王孝廉那篇在寫發現一個海內外的孤本，本來這是高信疆籌畫很久，要報導這孤本的消息。因為王孝廉跟瘂弦是有私交的，所以等於這篇稿子被《聯合報．聯合副刊》給劫了。過兩天啊，高信疆打了電話來，對著我在電話裡頭罵瘂弦罵了一個鐘頭。兩邊常常有這樣一種諜對諜的狀況，非常激烈。比如說《聯合報．聯合副刊》插畫力量不夠，不像《中國時報》那邊有林崇漢的插畫。有一天呢，《中國時報．人間副刊》在林崇漢之後又出現一個王明嘉，插畫也很有味道。瘂弦就說，你去這個聯絡一下這個王明嘉。但我對插畫圈又不熟，到哪兒去聯絡？只好硬著頭皮，冒充成讀者打電話到《中國時報·人間副刊》，要和這個人聯絡，騙了半天總算把他電話騙到了，再交給瘂弦。弄得我也覺得，自己蠻細作的！總之兩邊競爭的狀況非常慘烈。後來高信疆不再編《中國時報·人間副刊》，我們這邊順理成章地把林崇漢從那邊挖過來以後，瘂弦幾乎進入太平世了，好像只有高信疆能和他對陣。所以我為什麼說一個劉邦、一個項羽，道理就在這裡。瘂弦編東西，就是要勝過高信疆；高信疆一下來，你會覺得他也喘了一口氣。

高信疆有豪氣，也曾捧紅了洪通的素人繪畫、捧紅了朱銘的雕刻。高信疆曾經問過我：「你要不要來我們人間副刊！」我想我還蠻理智的，這麼回答：「不用啦，你們有羅智成那位大將！」我想說，若去到你們那，也是一天到晚被你驅遣著到處跑，很辛苦。因為《中國時報·人間副刊》給我們的感覺，就是很衝、不夠穩定；我們《聯合報·聯合副刊》副刊很穩定，尤其像我嚴謹遵守上班時間，非常輕鬆。我們一天上班六個鐘頭，下午四點開始，中間有時我們會去欣賞電影。上班後一、兩個鐘頭，瘂弦就去交際應酬了；到了九點多，他一回來，我們再上一個鐘頭就下班了。我身在副刊的黃金時期，非常感謝瘂弦他從來沒有罵過我們，也非常感謝他給我們這麼寬容的上班時間。總的來說：高信疆有實驗性，也會製造新聞，故而畫或雕刻均成紙上風雲。瘂弦則詩寫得好，還超現實，較堅持文藝也有前瞻性，鄭樹森教授幫他瞭望世界。

楊澤：

我其實很晚才正式進入台北的副刊辦公室，所以跟高公完全沒有很直接的這種上下屬的關係。但高公是我的貴人，因為我八十年代在紐約，踏入美洲《中國時報》任職前後，他曾幫我在余紀忠先生面前美言過幾句。

高公爸爸曾是西北移民處處長，後來遭逢車禍早逝，寡母一人帶著五個子女來台灣。余紀忠先生當年看中高公，一表人才，不單長得帥氣，而且「剛柔相濟」，既有張菩薩般正大仙容的臉，又有滿腔熱血，豪情萬丈，就積極培養他當中時副刊主編，進一步當他在「文化中國」及國際視野眼界各方面的代言人。

前面提《海外專欄》（策動者及第一任主編其實是余先生本人），乃是因海內外擾攘一時的保釣運動而起的。擴大來說，從《大學雜誌》，到《龍族》、《漢聲》等雜誌，都可視為島上相對應的「革新保台」風潮的一部分。在那樣一個時代下，台灣、海內外都在求新求變，尋求某種新的認同，第一個揭竿而起的人合該就是項羽，而不是劉邦。

高信疆後來得到一個，大家至今耳熟能詳的封號，叫「紙上風雲第一人」。但所謂「紙上風雲」到底指的是什麼?另方面，又是什麼使他堪稱為「第一人」？這問題太大，這裡只能略說兩句。

所謂「紙上風雲」，不外承最早五四《新青年》雜誌遺緒而來，提倡西潮，新潮的現代文化理想，現代文化夢。從《海外專欄》到《人間副刊》，從鄉土文學，報導文學／攝影，到現代詩論戰，高公策劃，推動了許多人事物（大規模執行「企劃編輯」最早、最力者），這些前人多有論列，不用我多言。但概括其內涵要點不外「介紹新思潮，帶動新風潮」幾個字，這正是我所理解的「紙上風雲」的本質！

當年報紙「正刊」沒什麼看頭，因為台灣特殊的政治環境下，國際新聞，政治新聞壓根兒不太存在，「副刊」有幸變成公共領域最大一個發聲筒，這也是所以有紙上風雲的最重要歷史機緣。

高公有種豪氣干雲，東征西討的使命感，有時發展成一種無可救藥的痴情，未免痴到可憐。舉個例子，小說家黃凡起初不為人所知，等他以〈賴索〉獲得時報文學獎，一炮而紅，眾人才勉強知道有這號人物。高公做事是這樣的：他沒有一分一秒，套句當年的老話，不是以國家大事，以天下興亡為己任，所以他就硬要把這個年輕人黃凡，馬上帶到國賓飯店去見白先勇。不巧的是，他們直闖國賓飯店時，白先勇剛好外出不在。但高公不死心，就枯坐在外面大廳的椅子上等，同時跟文壇的局外人黃凡開講了起來，一講不下四個小時。你可以想像：席不暇暖，沒吃什麼東西，一坐下來滔滔不絕四個小時。這就是高信疆。

張堂錡：

沒有比較，真的不知道。我可以跟衛民兄報告一下，我們《中央副刊》的上班時間，是下午三點到七點，非常短。有時候進去上班，第一個小時看看其他報紙的副刊，第二個小時、第三個小時做點事，第四個小時就準備要下班了！不需要像你們這樣，因為太短了，根本沒有機會溜出去看電影。

談到梅新的編輯理念跟實踐，我簡單地用三個部分來稍做說明。首先是「從純到雜，從小到大」。什麼意思呢？剛剛我說梅新是詩人，所以他說「我不風景誰風景」，完全可以看出那種孤芳自賞、不隨流俗的心態。但是寫詩是小眾，編報紙副刊的時候，梅新則認為應該是要訴求大眾。我所謂的「由小到大」，是從小眾變成大眾，而且從純詩刊的這種「純」，變成一種「雜」。他曾經說過，要怎麼編報紙副刊呢？就是把副刊當雜誌來編！所有的一切東西，都可以涵蓋在副刊裡面。所以沒有副刊不能編的，也沒有什麼題材不能進副刊，完全看你怎麼編！這是我觀察出來他的第一個編輯理念。他也實際這樣去實踐，舉例來講，像「長河版」就是普及文史知識為主的一個副刊。這其實淵源於他之前創辦並擔任《國文天地》的社長，然後他找了龔鵬程先生去做總編輯。他有一個理想，就是希望能夠把比較艱深、卻又非常重要的文學和歷史知識能夠普及化。

第二個編輯理念是「化被動為主動」。我想這也是從文學副刊，過渡到文化副刊的時候，必然要走的一條路。過去的編輯上班經常喝喝茶、看看報、聊聊天、校對幾篇文章，很快就可以下班了。那時候，《中央副刊》的來稿非常多，要在裡面挑出一些好文章，並不是太困難。在這種情況下，副刊的編輯工作是非常靜態、被動的；可是，梅新來了之後，就一個人當兩個人、三個人用。主要的實踐方式有兩個：一個是從事企劃編輯；一個是多舉辦活動。企劃編輯這一部分，梅新先生每隔一段時間就要開會。開會時就把所有的編輯都找來，有什麼意見大家互相交換。有創意的一些專欄、點子，也就這樣成形。在副刊工作時我們策畫過一些專欄，譬如「我們走過的路」等等，在當時都非常叫座，廣受讀者歡迎。

梅新認為，什麼叫做「大報」？能夠製作諾貝爾文學獎揭曉專輯的就叫作「大報」！我們本來都七點下班，只有每年十月諾貝爾文學獎揭曉日，我們都有心理準備要到晚上兩點才能夠離開。當晚各家副刊編輯，都會到台大公館的雙葉書店去等。大約八點一刻左右外電一報導結果，我們知道是誰了，就在書店買得主的書，然後拿去當插圖來用。所以那家書店老闆，有一段時間滿得意的，因為諾貝爾文學獎揭曉的晚上，他就在那點名：某某報編輯，怎麼還沒到啊！每次諾貝爾文學獎揭曉的時候，就是《中央副刊》展現何謂大報風範：我們有這個能力，我們可以製作一整版的諾貝爾文學獎專題！至於第二項，我們經常舉辦很多活動，譬如「文學進校園」、「現代文學討論會」、「中副下午茶」等等，還有在梅新過世之前，1996年6月那場非常盛大、到今天恐怕都很難超越的「百年來中國文學學術研討會」。當時有幾十位一流的作家、學者都來了，包括王德威、賈平凹、嚴歌苓、虹影、趙毅衡等，當時還很年輕的陳思和，扶著他的老師賈植芳來台灣參加這場研討會。很多人現在想起梅新，大多忘不了他當年如何抱著生病的軀體，在舉辦那次盛大的研討會。經費跟人力非常有限，但梅新就是要把它辦到最大、最好。所以透過以上兩種方式，儘管《中央副刊》在當時已經逐漸地走下坡、邊緣化，但是我覺得梅新真的是用他一個人的力量，把整個副刊團隊支撐起來。

第三個編輯理念是「善用資源」。我們都知道《中央日報》儘管曾經輝煌，但隨著兩大報的崛起，它逐漸成為一個冷門的灶。但是梅新卻能夠「冷灶熱燒」，而且燒出一片天，我覺得這是非常不容易的事情。因為《中央日報》是國民黨黨報，這原來是一個包袱，但是梅新卻巧妙地把這樣的黨報包袱，轉化成為一種助力。舉例來說，梅新曾經帶領過七、八位年輕的作家進入總統府，跟李登輝總統談一個下午的文學。這其實就是因為黨報的特性，才能夠順利地進行連繫。當年張曼娟、張大春、簡媜這些人，都因為這樣進去了總統府，跟總統談一個下午的文學。另外，梅新還有一個創舉，他策劃了一個專欄，叫作「今天不談文學」。今天不談文學，談的是文學以外所有的東西，譬如生活、政治等等，在當時非常叫座。我們覺得作為一位副刊編輯，在《中央日報》報社走路都有風。因為剛走進報社大門，往往就有人對我們說：「你們今天副刊編得真精彩！」我們都覺得與有榮焉。後來周玉蔻在電視台新開了一個節目，叫作「今天不談政治」，其實就是從這個地方得到點子的。還有像行政院長孫運璿中風了以後，第一次公開演講，梅新想盡各種辦法、用盡各種關係，爭取到記錄發表的機會，第二天果然變成一篇轟動的文章。所以，黨報的色彩過去被認為是缺點、包袱，梅新卻非常巧妙地把它變成資源與助力。這方面的例子非常多。

我記得早期在編副刊的時候，都不是電腦排版，而是手工貼版。手工貼版很困難，也很費力，美編真的蠻辛苦的。看到《中國時報》跟《聯合報》的版面做這麼大的革新，梅新來了以後也要我們在視覺、版面上做大膽的革新。舉個例子來說，以前孫如陵主編中副的時代，所有的文章都是方方塊塊，我曾經開玩笑地說：「只差沒有在旁邊畫上虛線，告訴讀者：請沿虛線剪下」。早期中副曾經辦過剪貼簿比賽，就是剪貼報上文章，貼在剪貼簿裡面。還會請專家來作評審，選出一、二、三名等等。那個年代的所有版面設計，都是比較單調。到了梅新來了之後，做了很大的突破。記得有一次我們副刊的美編，把一篇文章放在整個版面的正中央，而且把它排成圓形的。他不知道花了多少力氣才弄完，我們看了覺得很得意，相信第二天報紙一出來之後，肯定好評如潮。結果第二天我們上班的時候，接到好多老讀者來電。各位要知道：《中央日報》的副刊特性，就是老讀者特別多。這些老讀者打電話來罵：「以前我拿著剪刀，沿虛線剪不會剪錯；今天你們版面那篇文章是圓形的，害我剪壞了，你們要賠我！」這份黨報的特性，由此可見一斑。它有一個特殊的讀者群，背後還有一群黨國大老們在看著，然後我們的副刊也背負著不容許出錯的各種壓力。現在回頭再想一想，梅新當時真的是頂住了非常多壓力，而且他能夠利用那麼短的時間，讓冷門的副刊變成熱門的副刊，這不僅是因為個人的才華或對編輯事務的敏感度，而是梅新這個人具有不認輸、工作狂的性格，才能造就出當年中副的新貌與盛況。

記錄整理：張慶偉（淡江中文所碩士生）

文稿校正：楊宗翰（淡江大學中文系副教授）

PI0059 Viewpoint48

大編時代：文學、出版與編輯論

編　　者／楊宗翰
企劃執行／淡江大學中文系編採與出版研究室
責任編輯／陳彥儒
圖文排版／蔡忠翰
封面設計／蔡瑋筠

發 行 人／宋政坤
法律顧問／毛國樑　律師
出版發行／秀威資訊科技股份有限公司
114台北市內湖區瑞光路76巷65號1樓
電話：+886-2-2796-3638　傳真：+886-2-2796-1377
http://www.showwe.com.tw
劃撥帳號／19563868　戶名：秀威資訊科技股份有限公司
讀者服務信箱：service@showwe.com.tw
展售門市／國家書店（松江門市）
104台北市中山區松江路209號1樓
電話：+886-2-2518-0207　傳真：+886-2-2518-0778
網路訂購／秀威網路書店：https://store.showwe.tw
國家網路書店：https://www.govbooks.com.tw

2020年9月　BOD一版
定價：260元

國家圖書館出版品預行編目

大編時代：文學、出版與編輯論／楊宗翰編. --
-- 一版. -- 臺北市：秀威資訊科技, 2020.09
面； 公分. -- (社會科學類)
BOD版
ISBN 978-986-326-771-3(平裝)

1.編輯 2.出版學

487.73 108022169

讀者回函卡

感謝您購買本書，為提升服務品質，請填妥以下資料，將讀者回函卡直接寄回或傳真本公司，收到您的寶貴意見後，我們會收藏記錄及檢討，謝謝！

如您需要了解本公司最新出版書目、購書優惠或企劃活動，歡迎您上網查詢或下載相關資料：http:// www.showwe.com.tw

您購買的書名：______________________________

出生日期：________年________月________日

學歷：□高中（含）以下　□大專　□研究所（含）以上

職業：□製造業　□金融業　□資訊業　□軍警　□傳播業　□自由業

□服務業　□公務員　□教職　□學生　□家管　□其它______

購書地點：□網路書店　□實體書店　□書展　□郵購　□贈閱　□其他

您從何得知本書的消息？

□網路書店　□實體書店　□網路搜尋　□電子報　□書訊　□雜誌

□傳播媒體　□親友推薦　□網站推薦　□部落格　□其他__________

您對本書的評價：（請填代號　1.非常滿意　2.滿意　3.尚可　4.再改進）

封面設計____　版面編排____　內容____　文／譯筆____　價格____

讀完書後您覺得：

□很有收穫　□有收穫　□收穫不多　□沒收穫

對我們的建議：______________________________

____

____

____

請貼
郵票

11466
台北市內湖區瑞光路 76 巷 65 號 1 樓
秀威資訊科技股份有限公司 收
BOD 數位出版事業部

（請沿線對折寄回，謝謝！）

姓　　名：________________ 年齡：________ 性別：□女　□男

郵遞區號：□□□□□

地　　址：____

聯絡電話：(日)________________ (夜)________________

E-mail：____